橘子洲 编

（日）太宰治等 著

崔蒙 刘良辰 译

人生解药

江苏凤凰文艺出版社

图书在版编目（CIP）数据

人生解药 /（日）太宰治等著；橘子洲编；崔蒙，刘良辰译 .-- 南京：江苏凤凰文艺出版社，2023.3（2024.6 重印）
ISBN 978-7-5594-7311-0

Ⅰ.①人… Ⅱ.①太… ②橘… ③崔… ④刘… Ⅲ.①人生哲学－通俗读物 Ⅳ.① B821-49
中国版本图书馆 CIP 数据核字 (2022) 第 218174 号

人生解药

（日）太宰治等 著　橘子洲 编　崔蒙 刘良辰 译

出　　品	橘子洲文化
监　　制	王　瑜
责任编辑	白　涵
特约策划	王云婷
出版发行	江苏凤凰文艺出版社
	南京市中央路 165 号，邮编：210009
网　　址	http://www.jswenyi.com
印　　刷	北京中科印刷有限公司
开　　本	787 毫米 ×1092 毫米　1/32
印　　张	8.75
字　　数	68 千字
版　　次	2023 年 3 月第 1 版
印　　次	2024 年 6 月第 2 次印刷
书　　号	ISBN 978-7-5594-7311-0
定　　价	59.80 元

江苏凤凰文艺版图书凡印刷、装订错误，可向出版社调换，联系电话 025-83280257

今天我在爱,
　　今天我快活。

目录 contents

Part 3 与他人

人性的弱点 ········ 162

情感裂隙 ········ 184

Part 4 与自我

孤独种种 ········ 210

自省 ········ 226

生而自由 ········ 250

Part 1 与世界

存在主义 …… 002

生命的枷锁 …… 016

不懂之事的答案 …… 040

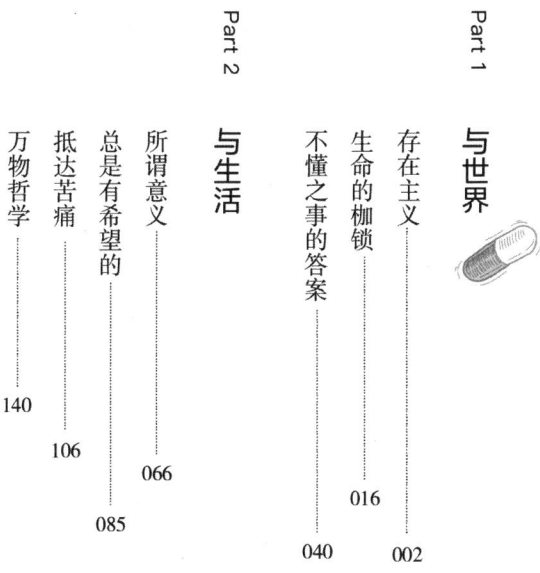

Part 2 与生活

所谓意义 …… 066

总是有希望的 …… 085

抵达苦痛 …… 106

万物哲学 …… 140

Part 1

与世界

夏目漱石
三岛由纪夫
芥川龙之介
川端康成
果戈理
谷崎润一郎
冈本加乃子
马可·奥勒留
亚历山大·仲马
坂口安吾
列夫·托尔斯泰
陀思妥耶夫斯基
塞万提斯
亚瑟·叔本华
格罗斯曼
阿尔贝·加缪
拉伯雷
巴尔扎克
古斯塔夫·勒庞
鲁迅
维克多·雨果
太宰治
罗赞诺夫

with world

存在主义

CUNZAI
ZHUYI

我们并不是能做想做的事，只是在做能做的事。不仅是我们个人，我们的社会也是如此，恐怕就连神也不能按照心意地创造这个世界。

芥川龙之介
《侏儒警语》

美，并非存在于物体中，而是存在于物体与物体间形成的阴影之花纹和明暗中。正如夜明珠放在黑暗中能放出光彩，曝于阳光下则会失去其魅力，离开了阴翳，也就没有了美。

谷崎润一郎
《阴翳礼赞》

Antidote to life

以理行事则棱角张扬，
顺情而为则飘摇不定，
坚持己见则拘束不得自由。
总之，人世间，居大不易。

夏目漱石
《草枕》

你只是思考。正因为只是思考，所以头脑里的世界和现实中的世界各自建立、分别存在。忍受这种极度的不和谐，其实已经是一种无形中的巨大失败了吧？你想想为什么。因为我把那种不和谐对外释放，你却把它向内挤压。因为我对外释放，所以我真正失败的次数可能很少。但是我被你嘲笑。而我没法儿嘲笑你。不，虽然我很想嘲笑你，但在世人看来，我是不能嘲笑你的。

夏目漱石 ｜
《后来的事》 ｜

这个世界尽管有一些难过的事情，但也有能让我们忘记这些的无穷的乐趣。这就是最好的世道，至少我是这么觉得。

中岛敦 ｜
《悟净叹异》 ｜

Antidote to life

世界就是建立在荒谬之上，
没有荒谬，
世界上的一切事情
可能都不会发生了。

陀思妥耶夫斯基 |
《卡拉马佐夫兄弟》

太阳，太阳，请把我带到您的身边吧，就算被烧死也没关系。即便是我这样丑陋的身体，燃烧的时候也会发出小小的光芒吧。请您一定把我带走吧。

宫泽贤治
《夜鹰之星》

我们认为，人生这东西是不可思议的轻。好像正以二十多岁为界区分的生的咸水湖，大量的盐分变浓，很容易浮身其上。只要落幕的时刻不太早，能更卖劲儿地表演给我自己看的我的假面剧就好。但是，我的人生之旅，虽然总想着明天一定启程，明天一定启程，却一推再推，数年间都没有启程的征兆。

三岛由纪夫
《假面的告白》

你就没发现,我的眼睛里早就失去了高傲吗?当女人说话盛气凌人的时候,也是她的高傲失去得最多的时候。女人会憧憬成为女王,是因为女王拥有最多的、可以用来失去的高傲。

三岛由纪夫
《葵上》

月亮已经降到烟囱的后面去了,只有月亮的边缘还在屋顶上发出光亮。这样升起又落下,它已经重复了几百万年?在我们之后,夜晚的轨迹它又要重复几百万年?或许是几十亿年?不过,这一切都没有分别了。

巴克拉诺夫
《一寸土》

如果有某样东西在童年时就印入你的心中成为你的梦想，但是你还没有下定决心去实现它，它就会在你的心中死去，它的尸体还会不断折磨你。死去的梦想会成为一剂毒药，你拿它毫无办法。

瓦尔拉莫夫
《臆想之狼》

我们的宇宙可能就挂在一只巨兽的牙齿上。

契诃夫
《契诃夫手记》

我们所热爱的一切事物，都很少出现在我们身边。我不知道其他人是怎样的，但是我自己就有这样的体会，所有美好的事物几乎总是与我擦肩而过。

帕乌斯托夫斯基
《细雨蒙蒙的早晨》

我的面前和我的周围没有路，没有足迹，也没有黑点。当我感到疲惫并屈服于寒冷的时候，我停下来片刻，环顾四周，发现到处都是荒芜的、平整的、洁白的空地，是几乎只有梦中才能见到的空虚本身。

安德列耶夫
《他》

一个人怕闹笑话，就写不出伟大的东西，要求深刻，必须有胆子把体统、礼貌、怕羞和压迫心灵的社会的谎言，统统丢开。倘若要谁都不吃惊，你只能一辈子替平庸的人搬弄一些他们消受得了的平庸的真理，你永远踏不进人生。只有能把这些顾虑踩在脚下的时候，一个人才能伟大。

罗曼·罗兰
《约翰·克利斯朵夫》

对于一个有思想的人来说,是没有穷乡僻壤的。

屠格涅夫
《父与子》

Antidote to life

皮箱中有个空地方,我就往那里塞点儿干草。我们人生的皮箱也是如此,用什么东西把它填满都行,只要别空着。

屠格涅夫
《父与子》

事情都看轻了一些。这个可也就是我的坏处,它不起劲,不积极。您看我挺爱笑不是?因为我悲观。

老舍
《又是一年芳草绿》

在我看来，生命太过短暂，不能用于积累仇恨和记录过错。在这个世界上，我们所有人都必定背负过错。但我相信，那个时刻会很快到来，我们将摆脱这易朽的身体，同时摆脱所有过错。

夏洛蒂·勃朗特
《简·爱》

这世界应该充满机会，但在多数人看来，机会都被少数人得到了。海里有无数优质的鱼……或许吧……但数量多的似乎都是鲭鱼或鲱鱼，如果你自己不是鲭鱼或鲱鱼，你很可能会发现，海里没什么好鱼。

劳伦斯
《查特莱夫人的情人》

让我们失去视觉的光明,对于我们就是黑暗。只有我们醒来,那一天才是开始。天亮的日子多着。太阳不过是一颗晨星。

亨利·梭罗
《瓦尔登湖》

仔细看看生活吧。它自来如此,让我们感到处处是惩罚。

维克多·雨果
《悲惨世界》

地球也将如此终结吗?很有可能,但并不确定。尽管地球不断衰老,但它拥有一种永恒的优势:不稳定性。平衡即意味着进步的终结,人类永远也不会像归巢的蜜蜂或蚂蚁一样达到平衡。

欧内斯特·勒南
《哲学对话录》

有时你面前只有一条小路，两边是茂密的山楂树篱，榆树的绿色枝叶探向路中，你抬头，只能看见中间的那一线蓝天。当你在这温暖、明亮的空气中骑车前进时，你会有种感觉，世界是静止的，而生命将会永恒。

毛姆
《寻欢作乐》

其实成年人和孩子们一样，碌碌无为，看似每天都很忙，却没人知道自己在追求什么，他们是一群毫无目标的苍蝇，乱哄哄地到处打转，在食物和金钱的周围盘旋。残酷的事实总是让人难以接受，在我看来，这就是世界的真实写照。

歌德
《少年维特之烦恼》

生命的枷锁

SHENGMING DE
JIASUO

我们觉得生命轻如羽毛。但这并不意味着要轻慢生命，我们反而要将生命当作轻如纤羽之物加以珍爱。这样那根羽毛才会快速地飞向远方。

太宰治
《潘多拉之匣》

我们的苦痛其实是无人知晓的。如果现在成为大人，我们的痛苦和寂寞就是可笑的，说不定还意外地值得追忆。然而，在真正成为大人之前，这一段漫长而讨厌的时间，我们该怎样度过呢？没有人告诉我们。也许就像出了麻疹吧，除了置之不理，没有别的办法。

太宰治
《女生徒》

我的不幸，恰恰在于我缺乏拒绝的能力，我害怕一旦拒绝别人，便会在彼此心里留下永远无法愈合的裂痕。

太宰治
《人间失格》

也许凡人都是弃儿，因为出生本身仿佛就是上帝把你遗弃到这个人世间来的。

川端康成
《古都》

一年年，我的悲伤日益加深，正如同我越发鲜艳的生命。

冈本加乃子
《老妓抄》

毁灭终将来临，在此之前，睿智、爱情以及无数的美好事物仍将美丽绽放，而师父将一直用沉静而悲悯的眼神注视着它们吧。

中岛敦
《悟净叹异》

渐渐地，我觉得轻松了。开始分不清是痛苦还是高兴，也不知道自己是在水里，还是在客厅里。在哪儿、干什么都无所谓了。只剩下轻松，不，就连轻松都感觉不到了。我进入了一个日月坠落、天地化为齑粉的不可思议的太平世界。我死了。死了才能获得太平。

夏目漱石
《我是猫》

Antidote to life

普天之下,
哪怕有一个也好,
必须寻找出能俘获
自己这颗心的伟大的东西,
美丽的东西,
或是慈祥的东西。

夏目漱石
《春分之后》

我感到非常不安,不知道什么时候才能靠岸,也不知正去向何方。我只知道船只是冒着黑烟破浪前行。波涛极为广阔,看上去无边无际,一片蔚蓝,有时还会变成紫色。只有移动的船身周围总是雪白的,泡沫飞溅。我感到极为不安。

夏目漱石
《梦十夜》

所谓命运,并不是我们突然撞上的。日后被处以死刑的人,对平时路边的灯柱和道口,也会不断地描绘刑架的幻影,并且对那幻影感到亲切。

三岛由纪夫
《金阁寺》

我们不再年轻,但是也不年老。
我们没有死,却也没有活力。

格·伊万诺夫
《我们不再年轻》

可怕的不是死亡,而是知道自己会死。假如一个人十分确切地知道他在何日何时将要死去,那他根本不可能活下去。

安德列耶夫
《七个被绞死的人》

死亡是一个古老的玩笑,然而每个人都觉得它很新鲜。

屠格涅夫
《父与子》

到了老年，自我意识终于归结为时间意识。本多的耳朵已可以分辨出白蚁噬骨的齿音。人们是以何等淡薄的生存意识一分分一秒秒地挤过再不复来的时间隧道啊！年老之后才懂得那一滴滴所有的浓度，甚至所有的沉醉。美丽的时间水滴，浓郁得犹如一滴滴葡萄美酒……并且，时间像失去血液一样失去。所有老人都将滴血不剩地枯竭而死。这是一种报复。因为他没能在热血不知不觉沉醉不知不觉地袭来的阶段及时关住时间的闸门。

三岛由纪夫
《丰饶之海》

在目睹这一切之后，他陷入短暂的怀疑，怀疑能否建立起他在路上幻想的新生活。他生活的全部印迹似乎挽留着他，对他说："不，你不会离开我们的，你不会变成别的样子，你将永远是现在这样：怀疑，永远对自己不满，徒劳地尝试改变；失败，永远地渴望不曾得到，也不可能得到的幸福。"

列夫·托尔斯泰
《安娜·卡列尼娜》

尽管好几十万人聚集在一块不大的地方，竭力糟蹋他们拥挤在一起的这块土地，尽管他们用石头铺满大地，不让草木生长，尽管他们除尽刚刚挤出泥土的小草，尽管煤炭和石油烧得烟雾缭绕，尽管他们砍伐树木、驱赶鸟兽，但是即使在城里，春天也还是春天。

列夫·托尔斯泰
《复活》

我只有三十岁，可是当我回望的时候，我感觉自己似乎走在一片巨大的墓地中，除了坟墓和十字架，我什么也看不到。总有一天在某个地方会立起新的坟墓，无论用什么样的墓碑去修饰，不管是简单的十字架还是巨大的花岗石，这一切都没有分别，这将是我留下的全部。归根到底，这也并不重要：永生是无聊的，生活也鲜有乐趣。糟糕的是，死亡是可怕的，而且，你可能一直无法下定决心把自己亲手交给魔鬼；你还会长久地活下去，长久地徘徊在这片被称作生活的墓地之中，新的十字架还会在附近不断出现，发出光亮。一切珍贵的、可爱的东西都将被留在身后，你会孤单一人到达终点。

阿尔志跋绥夫
《作家笔记》

最要紧的是,我们首先要善良,其次要诚实,再次是以后永远不要相互遗忘。

陀思妥耶夫斯基
《卡拉马佐夫兄弟》

我要为灵魂永生而活,绝不接受折中和妥协。

陀思妥耶夫斯基
《卡拉马佐夫兄弟》

有时人们会说一个人"像野兽一样"残忍,但这对野兽来说十分不公平,也让野兽委屈:野兽不可能像人一样残忍,不可能残忍得那么娴熟、那么艺术。

陀思妥耶夫斯基
《卡拉马佐夫兄弟》

世界上是没有死亡的,一切曾经存在过、生活过的都不会消亡。

伊凡·蒲宁
《耶利哥的玫瑰》

在我们的生命中,那些我们尽力避开的坏事,当我们深陷其中会感觉糟糕透顶,但往往它们也是我们获救的方法和机会,只有通过它们,我们才能再度从痛苦中解脱。

丹尼尔·笛福
《鲁宾逊漂流记》

生命只是一连串孤立的片刻,靠着回忆和幻想,许多意义浮现了,然后消失,消失之后又浮现。

马塞尔·普鲁斯特
《追忆似水年华》

难以负载的从来都不是生命，而是人类自己。因为，人类往自己的双肩上放了太多太多外来的和自身迥异的重负。人类把膝盖弯曲，人类在自己的背上驮负满满的重物，就像一只骆驼。

弗里德里希·威廉·尼采
《查拉图斯特拉如是说》

这是男人的世界,她充分接受。男人拥有财产，女人负责管理。男人将管理归功于自己，女人还得称赞他聪明。男人手上扎了根小木刺，就会吼得像头公牛，可女人生孩子时都要忍下呻吟，以免打搅到他。男人言语粗鲁，经常喝酒，女人要忽略那些粗话，不加抱怨地服侍醉鬼上床睡觉。男人粗鲁、直接，女人总是宽和、有礼、体谅。

玛格丽特·米切尔
《飘》

对待生命你不妨大胆冒险一点儿,
因为好歹你要失去它。

弗里德里希·威廉·尼采
《作为教育家的叔本华》

Antidote to life

人类的生命,
并不能以时间长短来衡量,
心中充满爱时,
刹那即为永恒。

弗里德里希·威廉·尼采
《查拉图斯特拉如是说》

人变老其实并不意味着别的,
只意味着不再对往事感到害怕。

斯蒂芬·茨威格
《一个女人一生中的二十四小时》

大自然中一切有生命的东西,
都是向着太阳,从地面上向上升高:
草、树木、动物——一切都在生长。
人也是一样,和大自然融为一体,
也在长高,也在成长。

普里什文
《普里什文随笔选》

我想,这大概也算呼应了作者的悲观论调:人生最终的旅程不过就是死亡,这种死亡有一定的延缓期,但是它是早晚都会发生的事。

路易-费迪南·塞利纳
《死缓》

Antidote to life

死神践踏平民的茅屋,也同样践踏帝王的城堡。

塞万提斯
《堂·吉诃德》

但在一个平稳的时代、一个文明如大象般稳稳站立的时代,"来生"这种东西并不重要。如果你在乎的事物能够存活,死也没有那么艰难。你过了自己的一生,你累了,是时候离开了——人们过去就是这么看待死亡的。作为个人,他们死了,但他们的生活方式依然继续。他们的善与恶仍原样保持。他们不觉得脚下的大地正在变化。

乔治·奥威尔
《上来透口气》

人生中的一切都在消失。黑暗与光明混杂交织,明亮炫目的时刻之后,便是暗淡。我们张望,我们匆忙,我们伸出手去抓从身边经过的事物。每件事都是路上的一道转弯,而且,突然之间,我们老了。

维克多·雨果
《悲惨世界》

没有人听他说话:人老了,这才是可怕的。人们迫使他沉默、孤独。人们让他知道他很快就要死了。而一个要死的老人是没有用的,甚至是碍手碍脚的,潜伏着危险的。让他走吧。如果不走,就让他沉默,这是最大的敬重了。

阿尔贝·加缪
《讥讽》

Antidote to life

心脏

是一座有两间卧室的房子,

一间住着痛苦,

另一间住着欢乐,

人不能笑得太响,

否则

笑声会吵醒

隔壁房间的痛苦。

弗兰兹·卡夫卡
《箴言录》

我们降生，万物随之降生，同样地，我们死亡，万物随之死亡。因此，为百年后我们已经死去而哀痛，其愚蠢等同于为百年前我们不曾活过而哭泣。死亡是另一个生命的开始。我们也哭了，我们付出如此代价以进入这个生命，我们进入时也扔掉了昔日的面纱。

米歇尔·蒙田
《蒙田随笔集》

一个人一旦有了自我认识，也就有了独立人格，而一旦有了独立人格，也就不再浑浑噩噩、虚度年华了。换言之，他一生都会有一种适度的充实感和幸福感。

弗吉尼亚·伍尔夫
《伍尔夫读书随笔》

Antidote to life

我们的生命消耗于琐碎。

亨利·梭罗
《瓦尔登湖》

这条河懂得所有的事情，人能够从它那里学到一切。你已经从这条河学到了一点，学到了向下努力，向下沉落，去寻找最深的底层。

赫尔曼·黑塞
《悉达多》

你知道吗？我是个女性。女性的天空是低的，羽翼是稀薄的，而身边的累赘又是笨重的！而且多么讨厌啊，女性有着过多的自我牺牲精神。这不是勇敢，而是怯懦，是在长期的无助的牺牲状态中养成的自甘牺牲的惰性。

萧红
《萧红自述》

Antidote to life

我年纪越大,
越感觉到容忍比自由更重要。

胡适
《容忍与自由》

生命也许就是这样，多一分经验，便少一分幻想，以实际的愉快平衡实际的痛苦。

老舍
《离婚》

生命本没有意义，你要能给它什么意义，它就有什么意义。与其终日冥想人生有何意义，不如试用此生做点儿有意义的事。

胡适
《人生有何意义》

不懂之事的答案

BU DONG ZHI SHI
DE DA'AN

看到我对年轻女子使用只用于宗教的词语，你可能会觉得非常奇怪，但我直到现在都依然坚信，真正的爱与宗教信仰并没有什么不同。

夏目漱石
《心》

疯子如果势单力孤，到什么时候都会被当成疯子，可如果形成团体，就有了势力，说不定就能变成正常人。大疯子滥用金钱和势力，让众多小疯子为其服务、胡作非为，反而被人称为大丈夫，这样的例子也不在少数。

夏目漱石
《我是猫》

哎呀，好可怜啊。你得了不幸的病啊。得了这种病，一百个人里有九十九个只能悲惨地度过一生。本来我们是没有这种病的，可是自从开始吃人以后，我们中就会偶尔出现得这种病的了。得了这种病以后，对任何事物都没法儿直接接受。不管看到什么、遇到什么，都会立刻先去想"为什么"，想要思考只有至高的、真正的神灵才知道的"为什么"。一旦思考了这样的问题，活物就活不下去了。这个世间所有的活物不是都约好了，不去思考这样的问题吗？其中特别难处理的是病人对"自己"产生了怀疑。为什么我觉得我是我？把别人当成我不是没什么问题吗？我到底是什么？开始这么想，就是这种病最严重的症状。怎么样，被我说中了吧？太可怜了。这种病无药可救、无人能医，除了等它自行治愈，没有别的办法。如果没遇到特别的机缘，你的心情恐怕再也好不起来了。

中岛敦
《悟净出世》

流到断崖附近时，溪流先打起一个旋涡，然后化作瀑布，从那里掉落。悟净啊，你现在就是在那旋涡的一步之前犹豫不决。如果你向前一步卷入旋涡，那转瞬之间就会坠入谷底。而在下坠的过程中，完全没有思考、反省和犹豫的时间。胆小的悟净啊，你恐惧而怜悯地看着旋转、下坠的人们，同时为自己跳与不跳而犹豫，你明明知道自己早晚会坠入谷底，你明明知道不被卷入旋涡绝非幸福。可即便如此，你还是对自己旁观者的地位恋恋不舍吗？愚蠢的悟净啊，你难道不知道吗？在有力的生之旋涡中喘息的人们，其实并没有旁观者所想的那么不幸（至少比心有怀疑的旁观者幸福得多）。

中岛敦
《悟净出世》

Antidote to life

不再勉强寻找不懂之事的答案,
其实就是懂了吗?

中岛敦
《悟净出世》

所谓对人生的报复,
不是简单的事。

川端康成
《湖》

师父已然练就内心，无论何时何地穷困而死都会觉得幸福。所以，他没有必要向外部寻求道路。身体的脆弱也是，在我们看来极为危险，但对师父的精神来说没有多大影响。悟空虽然看起来颇为高明，可这世间或许还有以他的天才也无法破解的事情。但是，在师父这儿没有这种担心。因为对于师父来说，任何事情都没有破解的必要。

中岛敦
《悟净叹异》

庆子具有一种视他人如粪土的能力，这是她永远开朗的根本原因。

三岛由纪夫
《天人五衰》

人活一世，单凭认识是毫无所获的；然而只要生命的火焰一天不熄灭，一个人在很久以前感受到的瞬息之间的快乐，就能击溃笼罩着其生涯的黑暗，宛如篝火在夜晚的旷野中发出的一线光明，能够打碎万斛黑暗似的。

三岛由纪夫
《天人五衰》

通过这些人，她发现这世间其实并不拘泥，还带着些许稚气。

冈本加乃子
《寿司》

希望美的事物能以美的状态结束，这似乎是一种人之常情。

坂口安吾
《堕落论》

就算我是疯子好了,但让我变成疯子的,难道不正是潜藏在人类心底的怪物吗?只要那个怪物存在,今天嘲笑我是疯子的那些人,明天也可能会和我一样变成疯子。

芥川龙之介
《疑惑》

每个人都会有缺陷,就像被上帝咬过的苹果,有的人缺陷比较大,正是因为上帝特别喜欢他的芬芳。

列夫·托尔斯泰
《战争与和平》

把别人关进疯人院并不能证明自己是个聪明人。

陀思妥耶夫斯基
《作家日记》

人好比河流：所有河里的水都是一样的，河水在各处都一样，但是每一条河流都是有的地方河道狭窄，水流湍急，有的地方河道宽阔，水流平静，有的地方河水清澈，有的地方河水冰冷，有的地方水流浑浊，有的地方水流温暖。人也是这样。每个人都具有一切人性的萌芽，有时他表现出一些天性，有时表现出另一些。他常常变得完全不像他自己，同时始终又是他自己。

列夫·托尔斯泰
《复活》

不应该阻止发疯的人。

契诃夫
《第六病室》

世事并无好坏，
全看如何去想。

莎士比亚
《哈姆雷特》

既然存在监狱和疯人院,那么就会有人被关在里面。不是您,就是我,不是我,就会有其他的什么人。等着瞧吧,在遥远的未来,当监狱和疯人院消失,那时窗户上不会再有栅栏,也不会再有病人的拘束衣。当然,那样的时代迟早会到来的。

契诃夫
《第六病室》

过去我把任何古怪的人都看作病态的、异常的,但是现在我认为,人的正常状态就是做一个怪人。你是完全正常的。

契诃夫
《万尼亚舅舅》

让自己的头脑冷静下来！像所有人一样简单地看待事物！在这个世界上一切都是很简单的。天花板是白色的，靴子是黑色的，糖是甜的。

契诃夫
《伊凡诺夫》

不要虚掷你的黄金时代，不要去倾听枯燥乏味的东西，不要设法挽留无望的失败，不要把你的生命献给无知、平庸和低俗。

奥斯卡·王尔德
《道连·格雷的画像》

生命是一团欲望，欲望不满足便痛苦，满足便无聊。人生就在痛苦和无聊之间摇摆。

亚瑟·叔本华
《悲观论集卷》

生命充满了烦恼，我们必须借助正确的思想来超越生命、脱离生命。我们知道，需要和痛苦不一定直接来自匮乏，而是来自求而不得。

亚瑟·叔本华
《作为意志和表象的世界》

从愿望到满足又到新的愿望这一不停的过程，如果辗转快，就叫作幸福，慢，就叫作痛苦；如果限于停顿，那就表现为可怕的、使生命僵化的空虚无聊，表现为没有一定的对象、模糊无力的想望，表现为致命的苦闷。

亚瑟·叔本华
《作为意志和表象的世界》

我只知道，只要我睡着了，就没有恐惧、没有希望、没有麻烦，也没有荣光。祝福那个发明了睡眠的人！睡眠就像一件斗篷，遮盖了人们的一切思虑。睡眠是解饿的粮食、解渴的饮品、御寒的火焰、解暑的清凉。总之，睡眠是通用货币，用它什么都买得到；睡眠是砝码和天平，让牧童和国王平等，让笨蛋和智者相同。我听说，睡眠唯有一个缺点，就是跟死亡太像；一个熟睡的人和一个死人没有多少分别。

塞万提斯
《堂·吉诃德》

道路最终一定通往全世界，不然它还能去哪儿呢？

杰克·凯鲁亚克
《在路上》

生活总是让我们遍体鳞伤，

但到后来，

那些受伤的地方

一定会变成

我们最强壮的地方。

欧内斯特·海明威
《永别了，武器》

Antidote to life

达洛维夫人说,她要自己去买些花。

弗吉尼亚·伍尔夫
《达洛维夫人》

寒冷的空气里仍然带着硫黄味,不过他们都习惯了。近处的地平线一片迷蒙,霜烟缭绕,其上是一小块蓝天,让人感觉被包围着,永远在里面。生活也总是被包围着,不是幻梦,就是疯狂。

劳伦斯
《查特莱夫人的情人》

凡是现实（存在）的就是合理的，凡是合理（存在）的就是现实的。

黑格尔
《法哲学原理》

我们的时代本质上是一个悲剧性的时代，所以我们拒绝以悲观的眼光看待它。大灾难已经发生，我们身处废墟之中。我们开始建造新的小栖息地，拥有新的小希望。这是相当艰难的：现在没有一条通向未来的坦途，但我们绕行，越过障碍。不管天塌了多少，我们得活下去。

劳伦斯
《查特莱夫人的情人》

Antidote to life

人世间的罪恶几乎总是由愚昧无知造成,如果缺乏理解,好心能造成和恶意同样大的危害。

阿尔贝·加缪
《鼠疫》

我们称之为路的,其实不过是彷徨。

弗兰兹·卡夫卡
《误入世界》

希望本是无所谓有,无所谓无的。这正如地上的路;其实地上本没有路,走的人多了,也便成了路。

鲁迅
《故乡》

我知道美德之路非常狭窄，而罪孽之路却无比宽阔。我知道这两条路的终点和方向完全不同：宽阔好走的罪孽之路通向罪恶的死亡，狭窄辛苦的美德之路通向生命，不是短暂的生命，而是没有止境的永生。我知道，正如我们伟大的卡斯蒂利亚[1]诗人所说："他们沿着这条崎岖之路前行，那高高的不朽顶峰，在下方犹豫之人无法抵达。"

塞万提斯
《堂·吉诃德》

"我觉得有那么大一只爪子的狮子肯定比一座山都要大。"

"不管怎么说，恐惧，"堂·吉诃德回答，"会让你觉得狮子比半个世界都大。"

塞万提斯
《堂·吉诃德》

---

1 卡斯蒂利亚，西班牙历史上的一个王国，其文化是西班牙文化的主体。

"……只要花上一点儿功夫,荨麻就能变得有用,如果不去管它,它就会刺痛人,于是就被铲除。多少人的命运就像荨麻!"他停了片刻,补充道,"记住这个,我的朋友,没有不好的植物,也没有不好的人。只有不好的耕种者。"

维克多·雨果
《悲惨世界》

林子里有两条路,我——选择了行人稀少的那一条,它改变了我的一生。

罗伯特·弗罗斯特
《未选择的路》

你得对这新来的日子抱着虔诚的心。别去想什么一年十年以后的事。只去想今天。把你的理论统统丢开。所有的理论，甚至有关道德的理论都是不好的、愚蠢的、对人有害的。别用暴力去挤逼人生。先过了今天再说。每一天都得抱着虔诚的态度。得爱它、尊敬它，尤其不能侮辱它，妨碍它的发荣滋长。便是像今天这样灰暗愁闷的日子，你也得爱它。你不用焦心。你先看着。现在是冬天，一切都睡着。将来大地会醒过来的。你只要跟大地一样，像它那样有耐性就是了。你得虔诚，你得等待。如果你是好的，一切都会顺当的。如果你不行，如果你是弱者，如果你没成功，那还是应当快乐。因为那表示你不能再进一步了。干吗你要抱更多希望呢？干吗为你做不到的事而悲伤呢？一个人应当做他所能做的事。

罗曼·罗兰
《约翰·克利斯朵夫》

Antidote to life

　　人们躺下来，取下他们白天里戴的面具，结算这一天的总账。他们打开了自己的内心，打开了自己的"灵魂的一隅"，那个隐秘的角落。他们悔恨、悲泣，为了这一天的浪费，为了这一天的损失，为了这一天的痛苦生活。自然，人们中间也有少数得意的人，可是他们已经满意地睡熟了。剩下那些不幸的人、失望的人在不温暖的被窝里悲泣自己的命运。无论是在白天或黑夜，世界都有两个不同的面目，为着两种不同的人而存在。

巴金
《家》

不是有面包吃就万事如意了。财富均等就是世间的幸福，这么想的人该有多傻？那些革命的空想家可以毁掉这个社会再建一个，但如果只满足每个人基本的生活需求，他们无法让人类增添一份快乐，也无法为人类减少一份痛苦。他们甚至会增加这世间的不幸，有一天就连狗都要绝望地狂吠起来，因为他们让它们远离了平静的本能满足，用无法平息的痛苦激情喂养它们。不，唯一的幸福并不存在，如果存在，最好是一棵树、一块石头，或者也可能是一粒不会在行人的脚下流血的沙。

埃米尔·左拉
《萌芽》

Antidote to life

从来如此,
便对么?

鲁迅
《狂人日记》

Part 2

与生活

with life

中岛敦
太宰治
夏目漱石
罗曼·罗兰
列夫·托尔斯泰
普希金
森鸥外
陀思妥耶夫斯基
柯罗连科
伊凡·蒲宁
杰克·凯鲁亚克
阿尔志跋绥夫
爱伦堡
安德列耶夫
帕斯捷尔纳克
弗吉尼亚·伍尔夫
丹尼尔·笛福
契诃夫
赫尔曼·黑塞
卡森·麦卡勒斯
莫泊桑
弗兰兹·卡夫卡
许地山

所谓意义

SUOWEI YIYI

我究竟是为了什么离开家乡，最后来到这里的呢？是为了怀着揪心般的思念，然后从远方想起它吗？

中岛敦
《光·风·梦》

世界，从整体看来虽然毫无意义，然而一旦直接作用于细节，就有了无限的意义。悟净啊，你首先要将自己放到合适的位置上，然后付诸适当的行动。今后，你要彻底抛下那些不自量力的"为什么"。如果不这么做，你就没救了。

中岛敦
《悟净出世》

Antidote to life

我不懂什么常识,
我觉得只要能做自己喜欢的事,
就是美好的生活。

太宰治
《斜阳》

充分地过好每一天,没有别的。
别去烦恼明天的事。
明天留到明天再去烦。
今天这一天,
我想快乐、努力、温柔待人地度过。

太宰治《新郎》

他认为在当今时代，应该躲避不必要的摩擦，无意义的争论是封建时代的残留。人生的目的不在口头，而要靠实践。如果事情按自己的想法顺利发展，那他就能实现人生的目标。

夏目漱石
《我是猫》

就算是数尽春秋、呻吟白首之人，当他回顾一生，依次查看自己过去的阅历之时，过往会透出残余的微光，让他浑然忘我，产生鼓掌之兴。倘若不能，那他就是一个没有生存价值的人。

夏目漱石
《草枕》

你知道,我是几乎与世无涉的孤独之人,所以环顾我的前后左右,无论哪个方向都找不到算得上义务的义务。故意也好,无意也好,我一直过着尽可能削减义务的生活。但我并不是因为对义务态度冷淡才变成这样的。不如更应该说,是因为我过于敏感、缺乏忍受刺激的精力,所以才会这般消极地打发时光。

夏目漱石
《心》

真正的英雄主义,是在认清生活的真相后,依然热爱生活。

罗曼·罗兰
《米开朗琪罗传》

Antidote to life

我们常说时光流逝,
这是不对的。
流动的是我们,
而不是时间。
就如当我们在河上泛舟,
以为移动的是河岸,
而不是我们坐的船。
时间也是如此。

列夫·托尔斯泰
《生活之路》

今天我在爱,
今天我快活。

普希金
《我的朋友,我已遗忘了过去》

从出生直至今日,自己做了什么呢?从始至终,自己都像被什么东西追着一样,辛苦地忙于学问。一直觉得这能有用、能成就自己,这个目的可能达成了几分。但又感觉自己所做的事,跟演员走上舞台扮演角色没什么两样,在扮演的角色背后必然有别的东西存在。因为自己一直被鞭策、驱赶着,所以那个别的东西没有闲暇苏醒。从努力学习的孩子到努力学习的学生、努力学习的官吏、努力学习的留学生,这些都是角色。想要洗净抹红涂黑的脸,从小小的舞台上走下来,静静地思考自我,看看背后那个东西的真面目。虽然一直这样想着,但舞台导演的鞭子就打在背上,只能一个角色又一个角色地演下去。这个角色并不是人生,背后的那个东西,才是真正的人生吧?

森鸥外
《妄想》

"我想，世界上的所有人首先都要热爱生活。"

"更加热爱生活，甚于爱生活的意义？"

"一定是这样，热爱生活要先于论证生活，就像你说的一样，热爱生活一定要先于论证，那时我才会理解生活的意义。"

陀思妥耶夫斯基
《卡拉马佐夫兄弟》

您要学习和读书。要读有深度的书。剩余的一切就交给生活去解决吧。

陀思妥耶夫斯基
《给科尔温-克鲁科夫斯卡娅》

人被创造出来是为了幸福，就像鸟被创造出来是为了翱翔。

柯罗连科
《悖论》

生活在世界上，呼吸着空气，望见天空、水流和阳光，这是多么巨大的幸福！但是我们都是悲伤的。原因何在？因为人生苦短、因为孤苦伶仃、因为生活中谬误不断？雪莱曾伫立在这湖边，拜伦也到过这里，之后莫泊桑也来到过。他孤独无依，但是内心渴望得到全世界的幸福。所有的幻想家，所有热恋过的人，所有的年轻人，所有来到这里找寻幸福的人，这些人都已经路过人间，弃世而去。我们也会这样走上一遍。

伊凡·蒲宁
《静》

人生下来是为了生活，而不是为生活做准备。

鲍里斯·帕斯捷尔纳克
《日瓦戈医生》

真的,没有人能教会应该如何生活。生活的艺术也是一种天赋。没有这种天赋的人,要么自我毁灭,要么蹉跎光阴,把生活变成可鄙的虚度的光阴,没有阳光和欢乐。

阿尔志跋绥夫
《萨宁》

我热爱生活,对于已经活过的日子和经受过的煎熬,我既不后悔,也不惋惜。我只是感到遗憾,因为有很多事情我还没有做完,没有写下来,没有为之足够悲痛,也没有足够热爱。但自然的规律就是这样:观众急急忙忙冲向衣帽间,然而在舞台上,主人公还在感叹:"明天我要……"明天会是什么样子?会有另一出戏和其他的主人公吧。

爱伦堡
《人·岁月·生活》

突然跌倒,再缓慢地站起来,又一次跌倒,又一次缓慢地站起来。一枝树枝接一枝树枝,一粒沙接一粒沙,在茫茫人生路的一旁,他勤劳地重建自己并不牢固的蚁穴。

安德列耶夫
《瓦西里·菲维伊斯基的一生》

总有一天,当我们意识到这有多么有趣,我们都会开始大笑,在地上打滚儿,到那时,一切都带有我所爱的悲惨的认真感。

杰克·凯鲁亚克
《在路上》

我无法告诉你生活是这样还是那样。我正要从这混乱的人群中挤出去,我正要推推搡搡,我颠簸起落,在人群中,如同汪洋中的一条船。

弗吉尼亚·伍尔夫
《海浪》

简而言之,天性和经验告诉我,平心而论,世界上所有的好东西带给我们的好处无非是其作用,而那些东西,不管我们能攒下多少分给别人,我们能用的也不过是我们用得上的部分,不会再多了。

丹尼尔·笛福
《鲁宾逊漂流记》

大自然是一种良好的镇静剂。它使人恢复安宁,也就是让人冷静下来。在这个世界上一定要冷静,只有冷静的人才能够清醒地看待事物,能够保持公正,能够勤勉工作。当然,这些品质只属于有智慧的人和高尚的人,自私和空虚的人本身就十分冷漠了。

契诃夫
《致苏沃林》

Antidote to life

生活的意义，

不在于纸上，

也不在于他人，

在于每一段经验，

在于每一个

觉得活着真好的瞬间。

赫尔曼·黑塞
《悉达多》

"在爱情里,他们从错误的起点出发。他们从顶点开始爱。你还会奇怪爱情为什么如此凄惨吗?你知道男人应该怎么爱吗?"老人伸出手,抓住男孩皮夹克的衣领,轻轻摇了他一下,绿眸眨也不眨,严肃地盯着他,"孩子,你知道爱情应该怎么开始吗?"男孩缩着身子坐着、听着,一动不动,慢慢地摇摇头。老人靠近了些,低声说:"一棵树,一块石,一片云。"

卡森·麦卡勒斯
《伤心咖啡馆之歌》

生活,说到底,既不像你想的那么好,也不像你想的那么糟。人的脆弱和坚强,都超乎自己的想象。

莫泊桑
《一生》

人要生活，就一定要有信仰。信仰什么？相信一切事和一切时刻的合理的内在联系，相信生活作为整体将永远继续下去，相信最近的东西和最远的东西。

弗兰兹·卡夫卡
《午夜的沉默》

体验人生，才能真正看透人生，得到无欲无求的内心圆满。

赫尔曼·黑塞
《悉达多》

走自己的道路，就是我们追寻的人生意义。

赫尔曼·黑塞
《悉达多》

境遇虽然一个一个排列在面前，容我们有机会选择，有人选得好，有人选得歹，可是选定以后，就不能再选了。

许地山
《再会》

真正的光明决不是永没有黑暗的时间，只是永不被黑暗所掩蔽罢了。真正的英雄决不是永没有卑下的情操，只是永不被卑下的情操所屈服罢了。所以在你要战胜外来的敌人之前，先得战胜你内在的敌人；你不必害怕沉沦堕落，只消你能不断地自拔与更新。

傅雷
《约翰·克利斯朵夫》译者序

Antidote to life

春天十分美好,
然而没有钱,
真是倒霉。

契诃夫
《契诃夫书信集》

总是有希望的

ZONGSHI
YOU XIWANG DE

你看那只蚂蚁。如果幸福仅仅意味着痛苦少,那么蚂蚁该比我们幸福吧。然而我们人懂得蚂蚁所不知道的快乐。蚂蚁或许不会有因为破产或失恋而自杀的苦难,但是,它也不可能和我们一样怀有快乐的希望吧?

芥川龙之介
《侏儒警语》

生长在一年大部分时间都是冬季的北方,植物便会在极为短暂的春、夏两季迅速地开花、结果,这正是大自然的一种巧妙安排。

中岛敦
《光·风·梦》

凌晨四点钟,看到海棠花未眠。

川端康成
《花未眠》

我一边踉跄前行，一边重整旗鼓。

太宰治
《阴火》

"我想要爱这世界!"我几欲落泪地想。凝视着天空,天空慢慢改变,变得渐渐泛蓝。我只是叹息着,想变得完全赤裸。于是,树叶和小草变得不再像之前那般透明、美丽,我轻触小草。

我想美丽地活着。

太宰治
《女生徒》

在度日艰难这一点上,不论是从事写作或是搞生意都是一样,今后要走的道路一定崎岖不平,我们姐妹俩却不在乎世人的褒贬,只朝着自己认为正确的道路前进。倒下了,就再站起来。

樋口一叶
《自怨自艾》

与热爱诗歌相比,人生更应该从热爱现实开始。当然,现实常常不如人意。但是,以现实的幸福为幸福、以现实的不幸为不幸,即物质性的客观态度总还是严肃的。诗性的态度是傲慢的、空虚的。只有当事物本身就是诗时,诗才能获得生命。

坂口安吾
《恋爱论》

所谓青春就是尚未得到某种东西的状态,就是渴望的状态,憧憬的状态,也是具有可能性的状态。他们眼前展现着人生广袤的原野和恐惧,尽管他们还一无所有,但他们偶尔也能在幻想中具有一种拥有一切的感觉。

三岛由纪夫
《青春的倦怠》

Antidote to life

不可急躁。重要的是要像牛一样，厚着脸皮向前走。

夏目漱石
《书简》

一个女孩子要能像杉树那样得到栽培，挺拔地成长起来就好了。

川端康成
《古都》

突然间，取代庞然大物的，您想象一下，将是一个小小的房间，就像乡村的澡堂，这个房间被烟熏得黑乎乎的，所有的角落都爬满了蜘蛛，这就是全部的永恒。

陀思妥耶夫斯基
《罪与罚》

我们许下诺言，一生都要诚实、坦率地行事，无论别人怎么议论我们，无论别人怎么评价我们，我们都不为任何事情而窘迫，不为我们的热情、我们的追求、我们的过失而羞愧，我们要勇往直前。

陀思妥耶夫斯基
《被侮辱与被损害的人》

去恨，或者去爱，只要不是无所事事就行。

陀思妥耶夫斯基
《地下室手记》

总会有什么也不想的幸福时刻吧。

川端康成
《古都》

Antidote to life

生命、生活，只有在这个时候才能被人感觉出它的美好的、在平时往往被人忽略的内涵。其实生命的真正意义在于能够自由地享受阳光、森林、山峦、草地、河流，在于平平常常的满足。其他则是无关紧要的。

列夫·托尔斯泰
《战争与和平》

春天来了。这是一个爽朗可爱的春天，既没有风雪，也不是变幻莫测。这是一个植物、动物和人类皆大欢喜的少有的好春天。

列夫·托尔斯泰
《安娜·卡列尼娜》

你感到你需要另一条更加宽阔的道路，你觉得你注定要有不同的目标，但是过去你不知道要如何实现这些，因此在苦闷中你痛恨当时身边的一切。你经历了六年的贫苦生活，但是它们没有白费。你学习了，思考了，认识了自身和自己的力量，现在你理解了艺术，明白了自身的使命。我的朋友，耐心和勇气是必需的。

陀思妥耶夫斯基
《涅朵奇卡·涅茨瓦诺娃》

你可以摆脱任何困境,只要你想起,你不是依靠肉体而是依靠心灵生活;只要你想起,你身上蕴藏着世界上最强大的东西。

列夫·托尔斯泰
《生活之路》

只要环境允许,只要可以为自己的行为辩护,人总是愿意甚至乐于摆脱各种各样的人性枷锁,回到原初的素朴与混沌状态,恢复野蛮的生存方式。

伊凡·蒲宁
《终点》

无论这个无法被理解的世界是多么令人痛苦,多么令人忧郁,它依旧是美好的,我们依旧强烈地渴望幸福,渴望彼此相爱。

伊凡·蒲宁
《阿尔谢尼耶夫的一生》

希望就像血液,
只要它在你的血管中流动,
你就是活着的。

格鲁霍夫斯基
《地铁 2034》

Antidote to life

人会尽可能地适应任何糟糕的处境，而且在每一种处境之中，他会尽可能地保留捕捉细微幸福的能力。

列斯科夫
《姆岑斯克县的麦克白夫人》

就在窗前樱桃树的树枝上，一只灰色肚腹的麻雀神气十足，它用慧黠的目光激动地打量着保尔。"怎么样，我们挺过了这个冬天，不是吗？"保尔低声说，并且用手指敲了敲窗户。

奥斯特洛夫斯基
《钢铁是怎样炼成的》

每一天我都会碰到某种不幸，但是我不会去抱怨，我习惯了这一切，甚至可以微笑着去面对。

契诃夫
《樱桃园》

人与生俱来的唯一天性是对自己的爱。而且，每个人生活的目的都是获得幸福。幸福是由什么要素组成的？幸福仅仅由两种要素构成，先生们，仅仅是由两种要素构成，那就是平静的心灵与健康的身体。

布尔加科夫
《莫里哀传》

愿意触碰的有地狱，有分裂，有解体，有死亡，但是，同它们想要一起触摸的还有春天，还有抹大拉的玛丽亚，还有生命。应该清醒过来，应该醒过来和站起来。应该复活。

鲍里斯·帕斯捷尔纳克
《日瓦戈医生》

假如生活欺骗了你，
不要悲伤，不要生气！
苦闷的日子里暂且保持平静，
相信吧，欢乐的日子终会来临。
心儿期待着未来，
现实却令人忧郁，
一切不过是瞬息，
一切都倏忽而去；
那逝去了的，
将成为美妙的回忆。

普希金
《假如生活欺骗了你》

上帝派给你的诱惑，无一不是符合人性的，而且公平的上帝，也赋予你战胜诱惑的力量。

安德烈·纪德
《纪德日记》

幸福像一只毛茸茸的小猫一样温暖了她的心。

格林
《红帆》

人永远不应该失去惊讶的能力,如果他是一个活生生的人,而不是一只塞满了官腔文章的公文包。

帕乌斯托夫斯基
《玛莎》

今天做不到的,明天怕也做不成,因此一天也不应耽误;只要是可能的,就得下决心一把抓紧,决心抓住它,就不会让它溜掉,还得继续贯彻下去,因为不这样不行。

歌德
《浮士德》

Antidote to life

　　我知道,潮汐有升有落,也知道,幸福不能永远停留。可是当它满满呈现在面前的时候,我唯一该做的事,就是安静地坐下来,观察它、享受它和感激它。生命的用途并不在长短而在于我们将怎样利用它。许多人活的日子并不多,却活了很长久。

米歇尔·蒙田
《蒙田随笔集》

　　世界上有种可敬的人,他们的痛苦化作他人的欢欣,他们尘世的希望被泪水埋葬,却变成了种子,长出了疗愈孤苦之人的鲜花和香膏。

比切·斯托夫人
《汤姆叔叔的小屋》

如果一个女人要写小说，她必须要有钱和一间属于她自己的房间。

弗吉尼亚·伍尔夫
《一间自己的房间》

记得幼小时，有父母爱护着我的时候，最有趣的是生点儿小毛病，大病却生不得，既痛苦又危险的。生了小病，懒懒地躺在床上，有些悲凉，又有些娇气，小苦而微甜，实在好像秋的诗境。

鲁迅
《新秋杂识三》

明天回到塔拉我再去想。那时我就能承受了。明天，我会想出一个办法把他弄回来。毕竟，明天又是新的一天。

玛格丽特·米切尔
《飘》

摩西十诫被减少到两条：一条是对雇主——被选中者，也可谓金钱教士——"汝当赚钱"；另一条是对雇员——奴隶和下属——"汝不可失业"。

乔治·奥威尔
《让叶兰继续飘扬》

生活的至高目标是生活。很少人在生活。实现自己的完美状态，把自己的梦想逐一变为现实，那才叫生活。

> 奥斯卡·王尔德
> 《只有乏味的人会在早餐时才华横溢》

整个春天可以藏在一个花苞里，云雀在低处的窝里也会装着许多玫瑰色清晨的预兆。所以，也许生活依然为我保留的那些美好，就蕴含在某个屈服、羞愧和耻辱的时刻里。

> 奥斯卡·王尔德
> 《自深深处》

Antidote to life

我得到的东西极少，
但是用这极少的东西，
我却营造了我的幸福。

安德烈·纪德
《田园交响曲》

人们应该如何生活才好呢？
我说，
就顺着自然所给的本性生活着，
像草木虫鱼一样。
生活就是为着生活，
别无其他目的。

朱光潜
《谈人生与我》

抵达苦痛

DIDA KUTONG

啊,难道从今天开始,就成了丧家犬吗?

芥川龙之介
《小白》

一直遭受虐待的狗,就算偶尔得到肉,也不敢轻易往前凑。

芥川龙之介
《芋粥》

人生还不如波德莱尔的一行诗。

芥川龙之介
《某傻子的一生》

年少时代的忧郁,是对整个宇宙的骄傲。

芥川龙之介
《侏儒警语》

要使人生幸福，就必须热爱日常琐事。云的光亮、竹的摇曳、群雀的叫声、行人的面庞——一定要从一切的日常琐事中感受到无上的甘甜。

然而要使人生幸福，热爱琐事的人又必然为琐事所苦。跃入庭前古池的青蛙或许能打破百年的忧愁吧。但是，从古池跃出的青蛙可能也带来了百年的忧愁吧。不，芭蕉的一生是享乐的一生，但同时，在任何人看来也是受苦的一生。我们也微妙地为了享乐而不得不微妙地受苦。

要使人生幸福，就必须苦于日常琐事。云的光亮、竹的摇曳、群雀的叫声、行人的面庞——一定要从一切的日常琐事中感受到如堕地狱的痛苦。

芥川龙之介
《侏儒警语》

一个人在一生当中，也许要做一两件令人神魂颠倒的、可怕的坏事。

川端康成
《古都》

初识爱情在这样年轻的年纪，在这样如梦似幻的山里，就注定这是一场足以铭记但是却不可能结果的感情。

川端康成
《伊豆的舞女》

世间最明确地知晓为子孙活着的是人类，最清楚地知道不是为子孙活着的也是人类。

川端康成
《水晶幻想》

工作赚了钱,就去玩。没有钱就又去工作,赚了点儿钱,又去玩,如此反复。一天晚上突然一想,不禁吓得发抖。我到底把自己当成什么了?这根本就不是人过的生活。

太宰治
《谁》

现在,我谈不上幸福,也谈不上不幸。不过,一切都会过去。在这个所谓"人间"的世界里痛苦哀叫地活到现在,我觉得只有这句话近乎真理:一切都会过去。

太宰治
《人间失格》

人不知道什么时候会死。所以任何想做的事都要在活着的时候做。

夏目漱石
《心》

我日夜过着恍惚如梦的日子,
却一心等待着会有什么奇迹将至。

芥川龙之介
《尾生的信义》

Antidote to life

　　这些人看似轻松悠闲，可如果敲击他们的内心深处，总会在哪里响起悲伤的声音。

夏目漱石
《我是猫》

　　目前活跃在当今世界上的人们，没有值得玩命的工作可做，但又必须非工作下去不可，应该说这是很可怜的。

三岛由纪夫
《爱的饥渴》

　　美，横亘在人们面前，把人世间的一切变为徒劳。

三岛由纪夫
《丰饶之海》

一个人如果没有恒产，心中始终是忐忑不安。虽然把两手揣进怀里憧憬着月花，但假若没有油盐，毕竟无法生活下去。

……

不过尘世就好像放在木架上的不倒翁，倒也罢，立也罢，都由不得自己，只好把运气交给造化。

不管好歹过着瞧吧！这座架在尘世中的独木桥！

樋口一叶
《自怨自艾》

向你致敬，我的失败，我爱你，和爱成功一样。

吉皮乌斯
《一饮而尽》

Antidote to life

    如果所有人都这样生活,而且,换一种方式生活可能也是办不到的,那么为什么要对自己说谎呢?

陀思妥耶夫斯基
《卡拉马佐夫兄弟》

    生活中的每一天我都捶拍着自己的胸口,允诺要改邪归正,然而每一天我都干着同样的害人勾当。

陀思妥耶夫斯基
《卡拉马佐夫兄弟》

    我在思考:什么是地狱?我认为,地狱就是"再也不能爱"的痛苦。

陀思妥耶夫斯基
《卡拉马佐夫兄弟》

傍晚，当结束了下午的工作，我回到监狱，感到劳累和疲惫，沉重的苦闷再一次完全控制了我。"以后还有几千个这样的日子啊，"我想，"都是这样的日子，都是一模一样的！"

陀思妥耶夫斯基
《死屋手记》

你们会问，为什么我要这样糟践自己、折磨自己？我的回答是，因为无所事事地坐着实在太无聊了，我就矫揉造作、怪里怪气起来了。就是这样。

陀思妥耶夫斯基
《地下室手记》

不幸是一种传染病。不幸的人和贫穷的人应该互相回避，免得感染得更严重。

陀思妥耶夫斯基
《穷人》

你是易怒、软弱的败类，你任性又胡闹，你在大赚一笔之后便胡作非为。我把这些都称作是卑鄙，因为它们一定会让你变成卑鄙的人。

陀思妥耶夫斯基
《罪与罚》

磨难和痛苦对于广阔的思想和深邃的内心来说永远是必需的。真正伟大的人，我想，应该感受世界上最深切的悲伤。

陀思妥耶夫斯基
《罪与罚》

富人不喜欢穷人大声抱怨自己的悲惨命运，他们说，穷人在折磨他们，并且纠缠不休。是啊，贫穷总是纠缠不休，不过，饥饿的叹息声影响他们睡觉了吗？

陀思妥耶夫斯基
《穷人》

士兵们细嚼着面包，战争在吞咽着士兵。

爱伦堡
《人·岁月·生活》

我知道生活中只有两种真正的不幸，那便是良心的谴责和身体的病痛。幸福不过是没有遭受这两种不幸。为自己而生活，避开这两种灾难，这就是我现在的全部智慧。

列夫·托尔斯泰
《战争与和平》

Antidote to life

一切的不幸
均在于人们把自己的习俗，
或如现在所说，
自己的"生活方式"，
视为唯一正确的东西，
并公开指责
一切违反这种习俗的现象，
至少也要暗自加以非难。

爱伦堡
《人·岁月·生活》

等着吧,朋友!我会成为上校的,或许,如果上帝恩赐的话,我还会做更大的官呢!我要给自己弄一个比你还好的名声。怎么,你固执地以为,除了你就没有一个正派人了吗?给我穿上一件鲁切缝制的时尚的燕尾服,给我打上一条和你一样的领带,那时候你就根本配不上我了。不幸的是没有钱。

果戈理
《狂人日记》

幸福的家庭彼此相似,不幸的家庭各有各的不幸。

列夫·托尔斯泰
《安娜·卡列尼娜》

生活经过淬火变得更加坚固，它不承认任何的怀疑、动摇和践踏，它坚定地做着自己的事情：把人冲制成硬币。

拉斯普京
《伊万的女儿，伊万的母亲》

是的，人总是会死的，但是这不算什么。糟糕的是，死亡有时会突然发生，这才是问题的症结所在！而且，一般来说，一个人连他当天晚上会做些什么也说不定。

布尔加科夫
《大师和玛格丽特》

破了的灯笼裤，就算给它翻个面，也还是有那么多的窟窿。

肖洛霍夫
《静静的顿河》

我完全相信，感受痛苦的能力是真正的人才具有的一种特性。失去了悲伤感受的人，和不知道什么是欢乐的人，或失去了感知可笑事情的能力的人一样可怜。

帕乌斯托夫斯基
《一生的故事》

我被迫离开正常的生活。每天早上都会出现一个可怕的瞬间，这使我好像悬浮在空中，脚下是黑暗的疯狂的深渊。我会掉到深渊中去的，我应该掉到深渊中。

安德列耶夫
《红笑》

Antidote to life

现在,
他没有坚定的意志,
也缺少愿望,
只是依着习惯而活着。

高尔基
《在人间》

她很少出门，只是在家孤独地度过她那吝啬的、枯燥无味的余年。她的生活里的白天，那没有欢乐的、阴雨的日子，早已过去了，可是她的黄昏比黑夜还要黑。

屠格涅夫
《木木》

我的骄傲不允许我把这崩溃的日子告诉别人，只有我知道，仅一夜之间，我的心判若两人。

太宰治
《人间失格》

人一想到他自己是一个幸福的人，他立刻就会意识到失去幸福的危险，这时他就是不幸的了。

邦达列夫
《岸》

激烈的恋情之后，接下来的便是厌烦，然后是冷淡，直到厌恶，彼此嫌弃，由情人时期的如胶似漆到结为夫妻后的互相反目、互为仇敌，这是多么可怕呀！

让-雅克·卢梭
《新爱洛伊斯》

不过，受穷的经历肯定让我学会了一两件事：我不会再认为所有的流浪汉都是酗酒的恶棍；不会指望一个乞丐会因为我给的一便士而感恩戴德；不会为失业的人萎靡不振而大惊小怪；不会给救世军[1]捐款；不会把衣服当掉；不会拒绝传单；也不会去时髦的餐馆吃饭。这只是个开始。

乔治·奥威尔
《巴黎伦敦落魄记》

---

1 救世军，成立于1865年的国际性宗教和慈善公益组织，以军队形式作为组织结构和行政方针，以基督教为信仰。

他在心里感到喜悦，因为他摆脱了生活中让人讨厌、令人痛苦的要求和威胁，他离开了发出巨大欢乐的闪电与传出沉痛悲哀的意外声响的地方。在那个地方，虚假的希望与壮丽的幸福幻影在撒欢儿；在那个地方，人既经受着个人思想的折磨和煎熬，又受着激情的消磨；在那个地方，智慧时而衰落，时而欢悦；在那个地方，人在不停歇的战场中战斗，他在离开战场时遍体鳞伤，但仍旧不满意、不知足。

冈察洛夫
《奥勃洛莫夫》

生活是一个恼人的陷阱。当一个有思想的人到了成年，有了成熟的意识，他就会不由自主地感到自己身处一个没有出口的陷阱之中。

契诃夫
《第六病室》

他原本不会走来走去,不会焦急得挠头,也不会制订各种计划,而是把一切都交给生活去决定,而生活甚至能将磨盘磨成面粉。生活本来可以容纳一切,它既不来寻求他的帮助,也不请求他的准许。

契诃夫
《游猎惨剧》

我们这些上了年纪的单身汉,会发出狗的气味吗?

契诃夫
《致叶·米·沙芙罗娃》

应该抓紧时间好好生活。要知道一种稀奇古怪的病,或是任何一件悲惨的意外事故,都会中断生命。

奥斯特洛夫斯基
《钢铁是怎样炼成的》

我想要被埋在雪里。我坚信,这将会止住流血,也会让我的呼吸更加轻盈。

帕乌斯托夫斯基
《海风》

对危险的恐惧比看到危险本身可怕千万倍,焦虑本身带来的重担也远远大于我们所担忧的那件坏事。

丹尼尔·笛福
《鲁宾逊漂流记》

被你们称作爱情的东西实际上是一种普遍存在、存续世间很短的愚蠢行为,但你们却用婚姻将这种短暂的愚蠢转变成了长久的愚蠢。

弗里德里希·威廉·尼采
《查拉图斯特拉如是说》

Antidote to life

我们四十岁时

死于一颗

我们在二十岁那年

射进自己心里的子弹。

阿尔贝·加缪
《加缪手记》

可是，现在你还想要我做什么？现在让我留在你身边，按照你的好恶，让我活活地流血，就是因为我像个白痴一样喜欢你？……这也是一清二楚的，嗯？哼，我肯定地告诉你，这不是我要过的生活！不，这不是生活！

奥拉西奥·基罗加
《爱情、疯狂和死亡的故事》

"只要你挨过穷，你内心里就一辈子是个穷人。"他接着又说，"即便我完全坐得起出租车，可我还是经常走路，因为我就是没法儿允许自己浪费那一个先令。"对于奢侈，他既仰慕，又反对。

毛姆
《随性而至》

当穷苦到了一定的程度,人会被一种幽灵般的冷漠所压倒,把他人都当作一个个游魂。

维克多·雨果
《悲惨世界》

人的心只能装得下一定程度的绝望。如果海绵已经饱和,即使大海从上面流过,也无法给它增添一滴水。

维克多·雨果
《巴黎圣母院》

他不知道那个梦已经在他身后了,在城市另一边那大片黑暗中的某个地方,在那里,合众国黝黑的田野在夜色中蜿蜒向前。

F.S. 菲茨杰拉德
《了不起的盖茨比》

"我以前一直觉得到十八岁之前,什么都不重要。"玛丽说。

"没错,"亚伯赞同,"十八岁之后也是一样。"

F.S. 菲茨杰拉德
《夜色温柔》

摆在她面前的是一件可恶得无法形容的工作:要钱。

乔治·奥威尔
《牧师的女儿》

啊!浮名浮利,一场虚空!在这世上,我们有谁是快活的?有谁是称心如意的?或者,得到了想要的,又心满意足的?

威廉·梅克比斯·萨克雷
《名利场》

如果女性只存在于男性创作的小说中,人们会以为她们极为重要,而且十分多样:可以英勇,可以刻薄;可以杰出,可以卑鄙;可以倾国倾城,也可以极度丑恶;可以像男人一样伟大,还可以比男人更伟大。但这是小说中的女性。而在实际中,正如特立威廉教授所指出的,她被关在房间里,被推搡殴打。

弗吉尼亚·伍尔夫
《一间自己的房间》

她心里清楚这样一个事实,那就是没有理性、秩序和正义,只有痛苦、死亡和贫穷。她知道,在这个世界上,多么可耻的背叛都会发生。她也知道,在这个世界上,没有幸福能够长久。

弗吉尼亚·伍尔夫
《到灯塔去》

站在痛苦之外规劝受苦的人，是件很容易的事。

埃斯库罗斯
《被缚的普罗米修斯》

噢，我受了那么多苦，作为奖赏，你肯将儿童书本里的未来赐予我吗？

阿尔蒂尔·兰波
《兰波作品全集》

二十岁的年纪，并非是横亘在自己面前的河流，而是河上那座倘若渡过了便永远不会再见到自己认识的人的小桥。

竹久梦二
《春已逝》

大半的人在二十岁或者三十岁就死了：一过这个年龄，他们就变成了自己的影子，以后的生命不过是用来模仿自己，把以前真正有人味儿的时代所说的、所做的、所想的、所喜欢的，一天天地重复，而且重复的方式越来越机械，越来越脱腔走板。那时老人听了最初几个音就出神了，眼泪冒上来了，而这种感动，与其说是由于现在体会到的乐趣，还不如说是由于从前体会过的乐趣。

罗曼·罗兰
《约翰·克利斯朵夫》

当悲伤来临时，
不是单个来的，
而是成群结队的。

莎士比亚
《哈姆雷特》

Antidote to life

到头来,
我们记住的,
不是敌人的攻击,
而是朋友的沉默。

马丁·路德·金
《来自伯明翰监狱的信》

我们的生活也像是低档的商品，外表上都敷有一层虚假的光彩。我们的痛苦都会被掩盖，而那些冠冕堂皇、多姿多彩的东西总是要被拿出来炫耀的。内心越是有欠缺，越希望在别人眼中被看作幸运儿。人们的愚昧到这种地步，以致将别人的意见看作自己奋发努力的主要目标。

亚瑟·叔本华
《作为意志和表象的世界》

人总是出租自己。他们的天赋不是为自己，而是为奴役他们的人用的。这样住在家里的不是自己而是房客。我不喜欢这种普遍的心理。心灵的自由应该爱惜，只有在正当时机才可以把自由暂时抵押，我们若懂得明辨的话，这样的时机是很少的。

米歇尔·蒙田
《蒙田随笔集》

结婚后最可怕的事情不是穷,不是嫉妒,不是打架,而是平淡、无聊、厌烦。两个人互相觉得是个累赘,懒得再吵嘴打架,盼望哪一天天塌了,等死。……两个人仿佛捆在一起扔到水里,向下沉……

曹禺
《日出》

老李把各位太太和自己的太太比较了一下,得到个结论:夫妻们原来不过是那么一回事,"将就"是必要的;不将就,只好取消婚姻制度。

老舍
《离婚》

风雨

要是都按着天气预测那么来,

就无所谓狂风暴雨了;

困难

若是都按着咱们心中所思虑的

一步一步慢慢地来,

也就没有

把人急疯了这一说了。

老舍
《茶馆》

万物哲学

WANWU
ZHEXUE

果子面包和我的关系，究竟是什么呢？我是这样设想的：行动在即，精神再怎么劲头十足地紧张、集中，我那被孤独留下来的胃，也会更加渴望孤独的保证。我的内脏，就像是我的一条寒酸却绝对养不熟的狗。我知道，就算心再怎么觉醒，胃肠这种迟钝的器官还是会自行渴望着温暾的日常。

我知道自己的胃在渴望什么，它渴望果子面包和豆沙饼。尽管我的精神渴望着宝石，它却顽固地渴望着果子面包和豆沙饼。

三岛由纪夫
《金阁寺》

Antidote to life

舌头可不认什么"正宗"。舌头所倚仗的,只有我们那具有普遍性的味觉而已。舌头会说:"这个好吃!"除此之外,不会再做任何进一步的评论,这是因为舌头懂得谦虚。"正宗"之类的标签,都是人贴上的。

三岛由纪夫
《绫鼓》

圆的东西骨碌碌转起来,去哪儿都不受苦,可四角的东西如果转起来,不仅吃尽苦头,每翻滚一次都要把棱角磨掉一点儿,多疼啊。

夏目漱石
《我是猫》

如果人类的本质是安于平等，那就应该安然保持赤裸的状态成长。可是有一个赤裸的人说，如此这般大家没有差别，看不出学习的效果，也看不到努力的成效。应该想点儿办法，突出我就是我，不管谁看见了，都一眼就能发现我，我应该在身上穿点儿让人一看就大吃一惊的东西。有什么办法呢？经过十年的思索，这个人终于发明了短裤，立刻穿到身上，怎么样？了不起吧？耀武扬威地走来走去。

夏目漱石
《我是猫》

休息是万物向上天要求的理所应当的权利。在这世间有生存义务的营营碌碌者，为了实现生存的义务就必须休息。

夏目漱石
《我是猫》

Antidote to life

人终会死,
但我还活着,
现在正要回家,
吃晚饭。

斋藤茂吉
《斋藤茂吉短歌》

这次，要把过去跪在那人身前的记忆改为把脚放到那人的头上。为了不受将来的侮辱，我要拒绝现在的尊敬。比起忍受更加寂寞的未来的自己，我想要忍受寂寞的现在的我。生活在充满自由、独立和自我的现代，作为相应的牺牲，我们不得不品味寂寞吧。

夏目漱石
《心》

第一次就被绊倒的人，身上肯定有种一辈子都会被绊倒的痼疾。在这种不幸面前，经验之类毫无用处。看看那些不吸取教训、屡屡重蹈覆辙的人就不难明白。

竹久梦二
《出帆》

熊熊燃烧的火,不知道自己正在燃烧。自己正在燃烧呢,这么想的时候,其实还没真正烧起来。

中岛敦
《悟净叹异》

人弄坏了自己的胃却总是埋怨伙食,那些对生活不满的人也是这样。

列夫·托尔斯泰
《生活之路》

我有三个主要缺点:(1)意志薄弱;(2)容易发怒;(3)懒惰。

列夫·托尔斯泰
《日记》

9月19日,莫斯科—雅斯娜雅·波良娜:

收拾了家务。做了体操。整个人都精神了起来。去雅斯娜雅·波良娜。欣赏了风景。我决定,应该热爱,应该劳动。这就是全部。已经多少次有过这种想法了!在路上我唤醒了爱的激情。

9月20日,莫斯科—雅斯娜雅·波良娜:

我回来了。十分疲惫。我没有去爱,也没有劳动。

列夫·托尔斯泰
《日记》

应该意志坚定,或者去睡觉。

列夫·托尔斯泰
《日记》

Antidote to life

——您今天哪里都不打算去吗?

——哪里都不去。

——为什么？天气这么好。

——懒。

屠格涅夫
《村居一月》

我的生活方式并不正确。
我什么都不做,
而且睡得很晚。

丹尼尔·哈尔姆斯
《日记》

Antidote to life

秋天是一年中最美好的季节，它正在逝去。但是我还一事无成。

列夫·托尔斯泰
《日记》

"任何事情都可能发生，"波洛佐夫答道，"你只要再生活得久一些，你就能看尽一切了。"

屠格涅夫
《春水》

别胆怯，主要的是，要正常地生活，不要受激情的摆布。否则还有什么益处呢？无论浪花把你裹挟到哪里，哪里都很糟糕。人即使是站在石头上，他也是靠自己的双脚在支撑。

屠格涅夫
《初恋》

我做过很多高强度的工作，但是没有一分钟是在认真劳动。

契诃夫
《致苏沃林》

不要过了半夜才上床睡觉。在夜晚工作和聊天，与在夜间纵酒作乐一样有害。

契诃夫
《致苏沃林》

表面上，毫无疑问，我总是过着单调又无聊的生活。总是去上学，每晚总是不愉快、不情愿地预习第二天的功课，总是摆脱不掉关于未来假期的幻想，总是数着还有多少天才到圣诞假期和暑假。啊，如果它们都能转瞬而逝就好了！

伊凡·蒲宁
《阿尔谢尼耶夫的青春年华》

Antidote to life

现在我要拥抱您,
祝您新年快乐。

普希金
《致恰达耶夫的信》

他总说自己没有时间，总是认为别人妨碍他，而他自己却只是躺在那里，什么事也不做。

陀思妥耶夫斯基
《罪与罚》

八月正在过去。真是奇怪的一个月。它既不是夏天，也不是秋天；既是夏天，又是秋天，就像我的三十岁一样。

波普拉夫斯基
《自天堂回家》

我不祝您幸福备至，这太单调了，也不祝您不幸。我要仿照人民的智慧，只是重复一句"祝您长寿"，并且希望您不会太过无聊。

陀思妥耶夫斯基
《群魔》

Antidote to life

有一些事情正在发生,但是我丝毫也不明白它是怎样出现的。春天正在过去,夏天随之而来。之后又是秋天和冬天。我们又会像现在一样坐着,你坐在那个角落,我坐在这一角。

安德列耶夫
《瓦西里·菲维伊斯基的一生》

时间自会让我们在生活中变得安逸,所以我们不必去强行寻求,等时机成熟,它们自会到来。

塞万提斯
《堂·吉诃德》

让穷人的眼泪得到你更多的同情,但你给予他们的公正不可超过富人的诉求。尽管富人许诺、送礼,穷人哭泣、祈求,你所要做的只有尽力揭露真相。

塞万提斯
《堂·吉诃德》

四月是最残忍的月份,丁香从死去的土地里长出,混着回忆和欲望,让春雨摇动它迟钝的根。

艾略特
《荒原》

如果你渴望得到某样东西,你得让它自由。如果它回到你身边,它就是属于你的;如果它不会回来,你就从未拥有过它。

亚历山大·仲马
《基督山伯爵》

Antidote to life

任何一样东西,
你渴望拥有它,它就盛开;
一旦你拥有它,它就凋谢。

马塞尔·普鲁斯特
《追忆似水年华》

谁都可能出个错儿,你在一件事情上越琢磨得多,就越容易出错。

雅洛斯拉夫·哈谢克
《好兵帅克》

在她的经历中(这里她用针灵巧地完成了一件事),一个人从未作为自我得到休息,而只是作为一块黑暗的楔子。失去个性,人就失去了烦恼、匆忙和激动;当一切在这和平、休息和永恒中走到一起时,某种战胜生活的胜利呼喊会来到她的唇边。

弗吉尼亚·伍尔夫
《到灯塔去》

Antidote to life

长久地惧怕一件会被迅速处决的事物,这是否合理呢?长寿和短命都因死亡合而为一,因为对不复存在的事物而言,无所谓长,也无所谓短。

米歇尔·蒙田
《蒙田随笔集》

当你有钱时,金钱毒害你;当你没钱时,金钱折磨你。

劳伦斯
《查特莱夫人的情人》

食欲的根柢,实在比性欲还要深,在目下开口爱人、闭口情书,并不以为肉麻的时候,我们也大可以不必讳言要吃饭。`

鲁迅
《听说梦》

生活如同河水,每天都一样,每天又都是新的。

赫尔曼·黑塞
《悉达多》

Antidote to life

每个人都索取,
每个人都付出,
这就是生活。

赫尔曼·黑塞
《悉达多》

Part 3

与他人

芥川龙之介
谷崎润一郎
夏目漱石
中岛敦
陀思妥耶夫斯基
宫泽贤治
三岛由纪夫
巴克拉诺夫
瓦尔拉莫夫
契诃夫
帕乌斯托夫斯基
安德列耶夫
罗曼·罗兰
屠格涅夫
奥斯卡·王尔德
老舍
夏洛蒂·勃朗特
劳伦斯
亨利·梭罗
维克多·雨果
欧内斯特·勒南
毛姆
歌德

with others

人性的弱点

RENXING DE
RUODIAN

不过难道你觉得世界上有一种叫作坏人的人吗?那种像用模子刻出来一样的坏人,这世上当然是没有的。平时大家都是好人,至少都是普通人。但是到了紧要关头,那些人会突然变成坏人,所以才可怕。所以我们才不能掉以轻心。

夏目漱石
《心》

人啊,只要是在自己不为难的程度里,都会尽可能地善待他人。

夏目漱石
《三四郎》

别人不会轻易伤害到自己了,从这一点来看,自己确实变强了,但从无法轻易对别人出手这点来看,又明显比以前弱了。

夏目漱石
《我是猫》

Antidote to life

　　人的评价就像我的瞳孔一样，会随着时间和场合变化。我的瞳孔只是变大变小而已，可人类的评价真是能彻底颠倒过来。颠倒也没什么影响。任何事物都有两面，都有两端。只看两端，对同一事物产生黑白颠倒的变化，这就是人类的机变之处。

夏目漱石
《我是猫》

　　你无法不暴露自己的弱点而自他人处获益，同样地，也无法不暴露自己的弱点而使他人受益。

夏目漱石
《片段》

所谓可爱动人，
是一种能够以弱胜强的
温柔武器。

夏目漱石
《虞美人草》

嘲笑，这是一种多么耀眼的行为。这群同龄人所展露的少年特有的残酷笑容，在我看来就像是折射在一丛茂密植被上的阳光，是那样耀眼。

三岛由纪夫
《金阁寺》

青年，是可怜的一个群体。他们在火一般的行动和灰一般的无力之间徘徊不定，对哪方面都不满意。他们有时认为自己什么都能行，有时又认为自己什么都不行。这么一来，唯有吃饭睡觉才是他们的强项。

三岛由纪夫
《鹿鸣馆》

老好人最像的是天上的神。第一适合对其讲述欢喜，第二适合与之倾诉不幸，第三是可有可无。

芥川龙之介
《侏儒警语》

撒谎是人之本性，在大多数时间里我们甚至都不能对自己诚实。那是因为人们太脆弱了所以才撒谎，甚至是对自己撒谎。有时只有借助谎言才能诉说真实。

芥川龙之介
《罗生门》

在人的心中，有两种相互矛盾的感情。毋庸置疑，看到他人的不幸，任何人都不会不同情。然而，一旦不幸者奋力摆脱困境，却又会莫名地感到怅然若失。说得夸张一些，甚至会希望那个人再次陷入不幸之中。于是，虽然并非主动，却在不知不觉中对那人生出一种敌意来。

芥川龙之介
《鼻子》

所谓没有秘密,只是天堂或地狱的故事,人世间是绝对没有这等事的。你说对恩田没有秘密,你就不是作为一个人存在,也就不是个活人了。

川端康成
《湖》

但是人是很奇怪的:他不尊重某些人,粗野地评价他们,痛骂他们生活空虚、穿戴奢华,然而如果这些人讨厌他,那么这还会刺痛他的心。

果戈理
《死魂灵》

我为什么竟如此讨厌孩子呢?——其实,说到底,都因为我是一个严重的个人主义者的缘故,是一个彻头彻尾的只顾自个儿的自娱自乐的人,是一个只顾个人利益的人。我自己有的钱,只想为自己的利益而使用。在这之前我是相当极端地实践着个人主义这一套的。对于亲兄弟我也是冷淡的。交友甚为稀少。有人说我性情孤僻,追求远离尘世,性喜独居,其实我的个人主义是其主要原因。我的个人主义对骨肉之情、亲友关系一切都置之不顾,无动于衷。正因为如此,我害怕自己和他人产生不愉快的事情,尽力蜗居,尽量不露面地只身独处。即使在看到我爱他人之时,我也不曾有一回忘掉"自我"。

谷崎润一郎
《做了父亲之后》

等这孩子懂事时,我大概已经老了,又说不定早就死了。那时这孩子或许会怨恨双亲让他受苦,他自己明明没有要求过,却被带到这个痛苦的人世间。但那时,请你这样告诉他:我也是一样的,我也没有要求过,但他却出生在这个痛苦的人世间,让父母受苦,我们彼此彼此。

冈本加乃子
《食魔》

一瞬间的踌躇,往往能使一个人完全改变后来的生活方式。这一瞬间,大概就像一张白纸明显的折缝那样,踌躇就一定会把人生包裹起来,原来的纸面变成了纸里,并且不会再次露于纸面上了。

三岛由纪夫
《春雪》

人们相互蔑视,又相互奉承;人们各自希望自己高于别人,又各自匍匐在别人面前。

马可·奥勒留
《沉思录》

每个人爱自己都超过爱所有其他人,但他重视别人关于他自己的意见,却更甚于重视自己关于自己的意见。

马可·奥勒留
《沉思录》

您对别人的自尊心可以抡起斧子去砍,别人用针戳您一下,您就叫起来了。

亚历山大·仲马
《基督山伯爵》

所有人都是部分按照自己的思想，部分按照别人的思想来生活和行动的。在多大程度上按照自己的思想生活，在多大程度上按照别人的思想生活，这就构成了人与人之间的一个重要区别。

列夫·托尔斯泰
《复活》

没有人满足于自己的财富，但是任何人都对自己的智慧感到满意。

列夫·托尔斯泰
《安娜·卡列尼娜》

你常常去责备他人，即使你不了解他们。但是关于自身，你虽然知道自己做出过很多卑鄙的勾当，却忽视了它们。

列夫·托尔斯泰
《日记》

任何一个坏蛋，如果他去寻找的话，总能找到一个在某个方面比自己更差的坏蛋，因此，他也总能找到引以为傲和自满自足的借口。

列夫·托尔斯泰
《克莱采奏鸣曲》

一般来说，别人遭遇的不幸，总会有让旁观者感到开心的东西，无论您是谁，都不会是例外。

陀思妥耶夫斯基
《群魔》

在大多数情况下，人，甚至是恶人，也比我们通常断定的要更天真、更纯朴。我们自己也是这样。

陀思妥耶夫斯基
《卡拉马佐夫兄弟》

让儿子站到自己的父亲面前,在经过思考之后问他父亲:"父亲,告诉我,为了什么我应该爱你?父亲,向我证明,为什么我应该爱你?"如果这位父亲能够回答他,并且向他证明,那这确确实实是一个正常的家庭,它不依靠神秘的偏见而存在,而是建立在理性的、自洽的、严格合乎人道的基础之上。反之,如果父亲不能证明,那么这个家庭就终结了:他不再是儿子的父亲,儿子获得了自由,并且有权将父亲看作陌路人,甚至可以将父亲看作敌人。

陀思妥耶夫斯基
《卡拉马佐夫兄弟》

不是任何一个人

都值得在乎，

这是一条极好的行为准则。

陀思妥耶夫斯基
《少年》

Antidote to life

现在他恰好突然回忆起一件过去的事情，从前有人问他："为什么你如此痛恨那个人？"当时，他如小丑一般的无耻本性突然发作，回答道："原因就是他确实没对我做过什么，但是我对他做过一件极其无耻的事，我刚一做完，就立刻因此而痛恨他了。"

陀思妥耶夫斯基
《卡拉马佐夫兄弟》

在你好运之时，你会有许多朋友；而乌云密布时，你将独自一人。

塞万提斯
《堂·吉诃德》

人性一个最特别的弱点就是在意别人如何看待自己。

亚瑟·叔本华
《作为意志和表象的世界》

在青年时代，朋友和同道者身上的一切都是亲切的、可以理解的。志趣相异的人表达的每一种想法、传递的每一个眼神都和自己格格不入，都是毫无道理的。

但是现在，突然间，他在异己者的思想中经常发现几十年前他珍惜重视的东西，而格格不入的东西却以无法理解的方式出现在朋友的想法和言语之中。

"这大概是因为我在世上生活得太久了。"莫斯托夫斯科伊心想。

格罗斯曼
《生活与命运》

生活是无边无际的、浮满各种漂流物的、变幻无常的、暴力的,但总是一片澄澈而湛蓝的海。

三岛由纪夫
《爱的饥渴》

自己被打败了,便巴不得且卑劣地想见到那还在顽抗的也倒下去。

阿尔贝·加缪
《加缪手记》

我们很少信任比我们好的人,宁肯避免与他们来往。相反,我们常对与我们相似、和我们有着共同弱点的人吐露心迹。我们并不希望改掉弱点,只是希望得到怜悯与鼓励。

阿尔贝·加缪
《局外人》

想要快乐，
我们一定不能太关注别人。

阿尔贝·加缪
《局外人》

人与人之间，
最痛心的事莫过于
在你认为理应获得
善意和友谊的地方，
却遭受了烦扰和损害。

拉伯雷
《巨人传》

给您自己安排一出小小的喜剧吧，跟熟人谈谈自己，对他们讲述您的痛苦、您的欢乐或者您的事。您会看到他们先是装作感兴趣，然后漠不关心，接着感到厌烦，假如女主人没能找到礼貌的方法打断您，他们就会抓住各种借口离开。

巴尔扎克
《幽谷百合》

有一些唯利是图的人，在亲戚朋友有求时，从不肯做出一点儿善举，反而愿意满足陌生人的要求，因为那可以获得一些自恋的回报；他们对自己最亲近的人几乎没什么感情，却对疏远的泛泛之交保持善意，又对其中最疏远的最为和善。

巴尔扎克
《高老头》

群体从没有渴求过真理，他们会远离那些同他们的品位完全不符的证据，如果谬论对他们有吸引力，他们更加倾向于被奉若神明的谬论，凡是能给他们带来幻觉的，都可以轻易地成为他们的主人；凡是试图摧毁他们的幻觉的，都会成为他们的牺牲品。

古斯塔夫·勒庞
《乌合之众：大众心理研究》

楼下一个男人病得要死，那间隔壁的一家放着留声机，对面侍弄孩子。楼上有两人狂笑，还有打牌声。河中的船上有女人哭着她死去的母亲。

人类的悲欢并不相通，我只觉得他们吵闹。

鲁迅
《小杂感》

小市民总爱听人们的丑闻，尤其是有些熟识的人的丑闻。

鲁迅
《论"人言可畏"》

世上有这样一些人，为了获得那些甚至与他们毫不相干的谜底，却愿意花上比做十件好事更多的钱、耗费更多时间、经历更多麻烦，他们这么做是无偿的，只是为了自己的快乐，除了自己的好奇心得到满足，再没有其他报酬。他们会跟着一个男人或女人整整一天，他们会在街角、小巷口一盯几个小时，不管是深夜、寒冷或雨天；他们会贿赂跑腿的搬运工；他们会灌醉出租马车夫和男仆、收买女仆、唆使搬运工做伪证。为什么？没有理由。

维克多·雨果
《悲惨世界》

情感裂隙

QINGGAN
LIEXI

我们必须更加珍惜人所特有的全部感情。自然只是冷漠地注视我们的痛苦，我们必须互相怜悯。

芥川龙之介
《侏儒警语》

对喜欢的人，要尽快不加粉饰地将自己的真实想法告诉对方。肮脏的算计就别做了。坦率行动是不会后悔的。剩下的就都交给天意了。

太宰治
《新郎》

挚爱之情，不像一件绉纱那样能留下实在的痕迹。纵然穿衣用的绉纱在工艺品中算是寿命最短的，但只要保管得当，五十年或者更久的绉纱，穿在身上照样也不褪色。而人的这种依依之情，却没有绉纱寿命长。

川端康成
《雪国》

爱情是建立在拥有被爱的资格这一自信之上的。然而有的人坚信自己拥有被爱的资格,却没发现自己不具备爱别人的资格。大多数情况下,这两种资格是成反比的。毫无顾忌地标榜自己具有被爱资格的人,会逼迫对方做出极大的牺牲。因为他们不具备爱对方的资格。将灵魂沉醉于盼兮美目者必被吞噬,小野危险了。将性命托付于倩兮巧笑者必会杀人。藤尾是丙午女[1]。藤尾只懂得为了自我的爱。她甚至从未想过世上还存在着为了他人的爱。她有诗趣,却没有道义。

夏目漱石
《虞美人草》

1　日本迷信认为丙午年多火灾,而且出生在丙午年的女人会咬死自己的丈夫。

现在想想，说是喜欢这个男人、那个男人身上的哪个地方，最后留下的不过是你追求的那个男人的边角料罢了。所以，不管跟哪个人都没法儿长久。

冈本加乃子
《老妓抄》

在恋爱关系中，只要一方有所领悟，另一方就全然无法与之抗衡。所谓领悟，就是通过体验生命的无处不在和流通性，明白了即使一条鲤鱼身上也蕴含了天地之间的所有道理，与此同时，也就明白了恋爱并不是人生的全部，不应该为了这一小部分而停滞不前。

冈本加乃子
《鲤鱼》

Antidote to life

本来嘛,
如果没有爱,
人与人就容易交往。

三岛由纪夫
《爱的饥渴》

如果爱一个人，就要爱完整的他，爱他真实的样子，而不是爱我希望他成为的样子。

列夫·托尔斯泰
《安娜·卡列尼娜》

在最亲密、最友爱和最纯朴的关系中，奉承或称赞也是必需的，正如车轮转动需要涂抹润滑油一样。

列夫·托尔斯泰
《战争与和平》

爱就是痛苦。不为另一个人感到痛苦，也就不会去爱另一个人。

罗赞诺夫
《灵魂的手书》

Antidote to life

您知道吗？我们两个人走在一起是危险的，我有很多次不可抑制地想要狠狠地揍您一顿，毁掉您的面容，掐死您。您认为不会发生这种事吗？您会把我折磨到发疯的境地。我还会害怕丢脸吗？我还害怕您发怒吗？您的愤怒和我有什么关系？我毫无希望地爱着您，而且知道，之后我还会成千倍地更爱您。如果我在什么时候杀了您，那么我也应该杀死自己。不过我会尽可能活得长久，好体验失去您所带来的难以忍受的痛苦。您知道这件不可思议的事吗？那就是我每一天都更爱您，要知道这几乎是不可能的事情啊。

陀思妥耶夫斯基
《赌徒》

我们根本没有爱过彼此,而只是强迫着去爱,想象我们正在相爱。

屠格涅夫
《书信》

我不想知道是否有人爱我,也不想向自己承认没有人爱我的事实。

屠格涅夫
《初恋》

像所有没有真正恋爱过的女人一样,她也渴望得到某些东西,但是她自己并不知道渴望的究竟是什么。其实,她什么都不想要,虽然她觉得她渴望一切。

屠格涅夫
《父与子》

"我会爱你整个夏天",这听起来比"一辈子"更有说服力,而且,重要的是,更加长久。

茨维塔耶娃
《手记》

爱情能够存活下来,是因为它与众不同、疏远现实和超脱世俗。它在言辞中存在,在行动中消失。

茨维塔耶娃
《致里尔克》

我无法想象没有嫉妒的爱情。不嫉妒的人,我想,就不会爱上别人。

伊凡·蒲宁
《米嘉之恋》

人们最终能够真正理解和欣赏的事物,只不过是那些在本质上和他自身相同的事物罢了。

亚瑟·叔本华
《人生的智慧》

伴随着内心灼伤般的疼痛,我明白了,阻碍我们相爱的一切是多么多余、多么肤浅和多么虚假。我明白过来,当你爱上一个人,在你思索这份爱情的时候,应该从更崇高、更重要的观念出发,超越一般的幸福或不幸、罪恶或美德的观念,或者根本什么都不用考虑。

契诃夫
《关于爱情》

并不是每一个为爱而生的人都会找到自己的爱情,因为时间不会等人,而疲倦总在不经意间靠近我们。

奥索尔金
《我的姐姐》

"只有在想象中，"他劝说自己，"爱情才能天长地久，才可能永远环绕着闪亮的诗意光环。看来，比起在现实中体验爱情，我虚构爱情的本领更强大。"

帕乌斯托夫斯基
《金蔷薇》

我们埋葬了自己的爱情，在坟墓上竖起了十字架。

"谢天谢地！"我们两个同时说道……

可是爱情从棺材中起身，责备地向我们点头致意："你们做了什么？我还活着！"

德鲁尼娜
《我们埋葬了自己的爱情》

Antidote to life

友谊是个好东西,当它是青年男女之间的情愫,或者,当它是老年人关于爱情的回忆。但是,它可千万不要被一方看作是友谊,被另一方看作是爱情啊。

冈察洛夫
《奥勃洛莫夫》

作为朋友的两个人,总有一方是另一方的奴隶,虽然常常没有人会承认这一点。我是绝不可能当奴隶的,但是,在这种情况下,差遣另一个人也劳神费力,因为差遣别人的同时还要欺骗他。

莱蒙托夫
《当代英雄》

初期的爱情只需要极少的养料！只消能彼此见到，走过的时候轻轻碰一下，心中就会涌出一股幻想的力量，创造出她的爱情；一点儿极无聊的小事就能使她销魂荡魄；将来她因为逐渐得到了满足而逐渐变得苛求的时候，终于把欲望的对象完全占有了之后，可没有这种境界了。

罗曼·罗兰
《约翰·克利斯朵夫》

女人可以接受一个男人而不真正委身于他。当然，她可以接受他，却并不受他的支配。相反地，她可以利用性来支配这个男人。

劳伦斯
《查特莱夫人的情人》

Antidote to life

我世面见得越多,
越觉得
我一辈子也见不到一个
我会真心爱恋的人。

简·奥斯汀
《理智与情感》

你以为我会留下来、成为对你来说无足轻重的人吗？你以为我是一个机器人吗？是一个没有感情的机器吗？我能忍受别人把我嘴里的一口面包抢走、把我杯子里的一滴生命之水泼掉吗？你以为，因为我贫穷、卑微、不美、矮小，就没有灵魂、没有心了吗？你想错了！——我的灵魂和你的一样，我的心也跟你的完全一样！如果上帝赋予我一些美貌和财富，我会让你觉得离不开我，就像我现在离不开你一样。我现在跟你说话，并不是通过习俗、惯例，甚至不是通过凡人的肉体，而是我的灵魂在同你的灵魂说话，就好像我们都经过了坟墓、站在上帝的脚边一样，我们是平等的——本就如此！

夏洛蒂·勃朗特
《简·爱》

Antidote to life

我爱她是违背情理，是妨碍前途，是失去平静，是破灭希望，是断送幸福，是注定要尝尽一切沮丧。但我依然爱她，一往而深，因为我什么都明白，这些也不会让我克制丝毫，因为我虔诚地相信她就是人间至美。

查尔斯·狄更斯
《远大前程》

"我对你没抱任何幻想。"他说，"我知道你愚蠢、轻浮、头脑空空，然而我爱你。我知道你的企图和理想都低俗而且平庸，然而我爱你。我知道你是个二流货色，然而我爱你。"

毛姆
《面纱》

如果一个男人没有必须的条件能让一个女人爱上他,那是他的错,而不是她的。

毛姆
《面纱》

你有点儿喜欢我,我也有点儿喜欢你,这是真的。我们就好好地把这点儿"喜欢"留在心头,将来也有个好见面的日子。

李劼人
《死水微澜》

Antidote to life

任何交际,
只要我不能充分表现自己的天性,
都会使我感到疲惫不堪。

安德烈·纪德
《如果种子不死》

我跟邻居几乎从不交谈，因为我不知道该说什么、该怎么说。我想出的应对之策就是滑稽。这是我对人类最后的求爱。虽然我对人类充满极度的恐惧，却无论如何都无法对人类死心。于是，通过滑稽这一条线，我得以与人类保持一丝联系。在表面上，我一直做出笑脸，但在内心，却是可称得上千难万险、千钧一发、汗流浃背的奉献服务。

太宰治
《人间失格》

所以说啊，感知力太强的人由于能够明白他人的痛苦，自然无法轻易地做到坦率。所谓坦率，其实就是暴力。

太宰治
《候鸟》

在我无所事事、开始感到无聊之时,在父母眼里,我也失去了此前的新鲜感,渐渐变得平淡起来。暑假回乡的学生肯定都经历过同样的心情,刚回家的第一个星期会得到家人无比珍重的对待,而过了这段时期,家人的热情就会慢慢冷却下来,到最后还可能毫不重视,把你当成一个可有可无之人。

夏目漱石
《心》

我累了,因种种人际关系而疲惫,所有的人和所有的愿望都让我厌烦。我想遁入荒漠,或者做"最后一梦",长眠下去。

勃留索夫
《日记》

对于共同的记忆，人们能够亢奋地谈上一个小时。可那并不是谈话，而是原本孤立着的怀旧之情，找到了得以宣泄的对象，然后开始那久已郁闷在心中的独白而已。在各自的独白过程中，人们会突然发现，彼此之间并没有任何共同的话题，像是被阻隔在了没有桥梁的断崖两岸。于是，当他们忍受不了长时间的沉默时，就再次让话题回到往昔。

三岛由纪夫
《奔马》

Antidote to life

我偷偷地嫉妒每一个人,
同时偷偷地爱上每一个人。

奥西普·曼德尔施塔姆
《我在邪恶的泥潭中长大》

我无法和任何一个人在一间房间中一起住上两天，我是凭经验知道这一点的。

他一靠近我，他的个性就会压迫我的自尊，束缚我的自由。在一天之内，我甚至会痛恨最好的人：恨这一个午饭吃得慢，恨另一个得了伤风之后不停地擤鼻涕。他说，只要有人稍稍碰我一下，我就会成为他们的敌人。然而，事情往往会发展成另一个样子：我越是恨个别的人，我对整个人类的爱就越炽烈。

陀思妥耶夫斯基
《卡拉马佐夫兄弟》

Antidote to life

　　如果你在生某个人的气,那么你就把他想象成是躺在棺椁中的死人,这时你就会原谅他了。

梅列日科夫斯基
《永恒的旅伴》

　　我必须独自窝在房间。就像只要躺在地上睡觉,就不会从床上跌下来;只要独处,就不会发生任何事。

弗兰兹·卡夫卡
《给菲莉丝的信》

　　"宽恕你的敌人",他这样说并不是为了你的敌人,而是为了你自己,因为爱比恨更美丽。

奥斯卡·王尔德
《自深深处》

Part 4

与自我

with myself

中岛敦
三岛由纪夫
夏目漱石
芥川龙之介
太宰治
毛姆
欧内斯特·海明威
陀思妥耶夫斯基
阿尔贝·加缪
劳伦斯
乔治·奥威尔
夏洛蒂·勃朗特
弗吉尼亚·伍尔夫
赫尔曼·黑塞
朱生豪
杰克·凯鲁亚克
森鸥外
屠格涅夫
坂口安吾
丹尼尔·哈尔姆斯
格罗斯曼
列夫·托尔斯泰
果戈理

孤独种种

GUDU
ZHONGZHONG

在这世间活得越久，我就越发深刻地感到自己如同穷途末路的小儿。我无法习惯这个世界。对这世间——所见、所闻、此种生殖方式、此种成长过程、伪装高雅的生之表面与其卑劣疯狂的内里的对照——如此种种，不管过多少年，我都不会习惯。我觉得自己年纪越大，就变得越赤裸、愚蠢。"等你长大就明白了"，小时候常听人这么说，但这无疑是谎言。不管对任何事，我都越来越不明白了。这的确令人不安。然而另一方面，正因如此，我对生之一事仍没有失去自己的好奇心。这也是事实。

中岛敦
《光·风·梦》

若问他三天不在我是否会觉得寂寞，不，决不寂寞。他的不在对于我来说，好比一件充实、新鲜而厚重的东西。这就是喜悦。我在家里随处都能发现他的不在，院子里、工作室、厨房和他的寝室。

三岛由纪夫
《爱的饥渴》

不被人理解成为我唯一的自豪，因此我也没有那种表现的冲动，想让人理解我。仿若命中注定一般，我没有任何能被人们看到的东西。孤独不断胀大，就像一头猪。

三岛由纪夫
《金阁寺》

曾有好多次,夏天回乡时,我在沸腾的蝉鸣声中静坐不动,心情莫名地悲伤起来。我觉得自己的哀愁总是与这激烈的虫鸣声一起涌入心头。每当这时,我总是一动不动,独自盯着一个人。夏天回乡以后,我的哀愁也会渐渐改变情绪。正如蝉鸣会从秋蝉变成寒蝉,那环绕着我的命运似乎正在巨大的轮回中缓慢移动。

夏目漱石
《心》

我捡来陨落的星星碎片,轻轻放到泥土上。星星的碎片是圆的。也许是在漫长的、从天空坠落的过程中磨掉了棱角,变光滑了吧?我将它抱起来放到泥土上的时候,我的胸口和手也稍微变暖和了。

夏目漱石
《梦十夜》

Antidote to life

人类所有的研究
都是在研究自己，
什么天地山川、
日月星辰，
都不过是自己的别名。

夏目漱石
《我是猫》

我对所有事都没有持久的兴趣，因此总是从一个境界追逐到另一个境界生活着。当然即便如此，我也无法逃离地狱。只要不改变我了解的境界，我就会觉得痛苦。于是只好辗转反侧、每天试图忘记痛苦地活着。然而，如果到了最后还依然痛苦，那除了死再无他法。

芥川龙之介
《孤独地狱》

所谓世间，到底是什么呢？是人的复数吗？"世间"这个东西的实体在哪儿呢？然而不管怎样，活到现在，我都一直觉得它是强大、严格而可怕的，可被堀木那么一说，我突然感到："所谓世间，不就是你吗？"

太宰治
《人间失格》

Antidote to life

每个人在这世上都是孤独的。他被关在铜制的高塔里,只能用手势跟自己的伙伴交流,而这些手势没有普遍含义,所以它们的意义模糊而且不确定。我们可怜地想要对别人表达自己心中的财富,但他们却没有接受的能力。所以我们只能独自前行,肩并肩,却不是一起走,我们无法了解自己的伙伴,也无法被他们了解。

毛姆
《月亮与六便士》

我同情所有不想上床睡觉的人,同情所有需要光亮的夜晚。

欧内斯特·海明威
《一个干净明亮的地方》

"什么是地狱?"我想,"地狱就是无法继续去爱的痛苦。"

有那么一次,在无法用时间和空间衡量的无限存在之中,灵性的本质以降临尘世的方式被赋予了一种能力,他能够对自己说:"我存在,并且我在爱。"一次,只有那么一次,他被赋予了一瞬间的积极的、活生生的爱,为此上天赐予他尘世的生命,以及与尘世的生命相伴随的时候和日期。

陀思妥耶夫斯基
《卡拉马佐夫兄弟》

孤寂或被世人冷落的时候,就来牵着我的手吧,把头靠在我的膝上,我们去共游野山。

樋口一叶
《青梅竹马》

说是悲哀也可以吧，
事物的味道，
我尝得太早了。

石川啄木
《石川啄木短歌》

一个人在追求他的爱好时，也在体验他的痛苦——这就是爱好的砝码、订正本、平衡物和代价。一个人如果学会——而不是纸上谈兵而已——孤独地去面对自己最深的痛苦，克服那想要逃避的欲望以及有人能与他"共苦"的幻觉，那他还需要学习的就所剩无几了。

阿尔贝·加缪
《加缪手记：第二卷》

那一天我终于明白：我不曾痊愈，仍然被挤逼在一角，得自己适应。

阿尔贝·加缪
《堕落》

无益的！试图摆脱你自己的孤独是无益的。你得坚持一辈子。只是偶尔、偶尔，空白会被填补。偶尔！可你得等。接受你自己的孤独，坚持住，一辈子。然后当时机到了，就接受填补空白的时机。

劳伦斯
《查特莱夫人的情人》

我外表是胖，但我内里是瘦的。你有没有想过，每个胖子里面都有一个瘦子，就像人们说的，每块石头里面都有一座雕像？

乔治·奥威尔
《上来透口气》

Antidote to life

越是孤独、
越是没有朋友、
越是得不到支持,
我就越得尊重我自己。

夏洛蒂·勃朗特
《简·爱》

目前她不用考虑任何人。她可以做自己，可以独处。而她现在常常感觉需要的是思考；好吧，甚至不用思考。要沉默；要独处。所有广阔的、闪耀的、有声的存在和行为都消失了；人带着庄严感收缩，去做自己，做一个黑暗的楔形果核，做别人看不见的东西。虽然她继续编织，坐得笔直，但她因此感受到自我；而这个摆脱掉附着物的自我可以自由地去做最奇特的冒险。当生活暂时下沉，经验的范围似乎没有了限制。

弗吉尼亚·伍尔夫
《到灯塔去》

Antidote to life

我们来自同一个深渊,然而人人都在奔向自己的目的地,试图跃出深渊。我们可以彼此理解,然而能解读自己的人只有自己。

赫尔曼·黑塞
《德米安》

你同我一样,心里有一种宁静和一处庇护所,任何时候,你都能退避到里面去,保持住自己的本色。这种本领,虽然人人都能够有,却只有极少的人能真正施展出来,做到这一步。

赫尔曼·黑塞
《悉达多》

大多数人就像一片片落叶,在空中随风飘荡,最后落到地上。但有少数人像是天上的星星,循着固定的轨道运行,任何风都吹不到他们,在他们心中,有自己的引导者和方向。

赫尔曼·黑塞
《悉达多》

总之是一种无以名之的寂寞,一种无事可做,即有事而不想做,一切都懒,然而又不能懒到忘怀一切,心里什么都不想,而总在想着些不知道什么的什么,那样的寂寞。

朱生豪
《醒来觉得甚是爱你》

Antidote to life

生活、旅行、冒险、祈祷,
别感到遗憾。

杰克·凯鲁亚克
《在路上》

一个个的人在世上,

好似园里的那些并排着的树。

枝枝叶叶也许有些呼应吧,

但是它们的根,

它们盘结在地下,

摄取营养的根却各不相干,

又沉静,又孤单。

冯至
《〈给青年诗人的十封信〉译序》

自省

ZI XING

可以断言，人类喜欢自己将海阔天空的世界缩小，细细分割出各自的领地，无论发生什么，都不会迈出双脚站立之地。一言以蔽之，人类喜欢自找苦吃。

夏目漱石
《我是猫》

古往今来，自命不凡而害人害己的事件，有三分之二都是镜子造成的。法国大革命时期，有个好事的医生发明了改良版斩首刑具，犯下巨大的罪孽。那么同样地，第一个制作镜子的人，肯定也会梦魂不安吧。不过，自我厌恶、精神萎靡的时候，再没有比照镜子更有益处的做法了。

夏目漱石
《我是猫》

没有彻底掌握真理的人容易被眼前的表象所束缚，把泡沫般的梦幻当成永久的事实，所以听到人家说点儿高深的东西，就立刻当成玩笑。

夏目漱石
《我是猫》

每当厌恶自己或自我萎靡时，再也没有比对镜一照更有益的了。揽镜自照，美丑分明。他就能意识到：长着这样一张脸，竟能挺胸抬头地活到今天。注意到这一点的时刻，就是人一生中最可贵的时刻。没有什么事比承认自己的愚蠢更为可贵了。在这样的自觉面前，所有的自命不凡者都只能低头认输。尽管那自命不凡的人还要自以为是地蔑视、嘲笑，可那种自以为是其实就表明了低头认输。

夏目漱石
《我是猫》

悲剧终于来了，我早就预感到悲剧会来。面对预料中的悲剧，我之所以任其发展、不出手干预，是因为我深知对罪孽深重之人的所作所为而言，伸出一只手也无能为力。因为我深知悲剧的伟大。是为了让她们体会悲剧的伟大力量，让她们彻底洗净跨越三代的罪孽。并不是因为我冷漠，一只手举起来便会失去一只手，一只眼动一下就会瞎掉一只眼。我失去了手和眼睛，可她们的罪孽依然不变。何止不变，还会不断加深。我袖手闭目，不是因为恐惧。只是比手和眼睛更为伟大的自然所做出的制裁，让我感到亲切，让我能在电光石火之间看到自己的本来面目。

夏目漱石
《虞美人草》

Antidote to life

　　许是天生软弱的缘故，我对所有的喜悦都掺杂着不祥的预感。

三岛由纪夫
《假面的告白》

　　出自怠惰？恐怕出自怠惰？这是我的疑问。我对人生的勤勉，一概源于此。我的勤勉归根结底都花费在为怠惰辩护这一点上，以确保其始终按照怠惰该有的样子存在下去。

三岛由纪夫
《假面的告白》

　　我一边幻想自己身上生出无遮无拦的双翼，一边强烈地预感到我这一生恐将一事无成。

三岛由纪夫
《丰饶之海》

他鼓起勇气，想要尝试一下连自己都绝对不了解的自己。在踌躇之前尝试。不考虑结果的成败，只是用尽全力地尝试。彻底失败，铩羽而归也可以。迄今为止，总是因为惧怕失败而放弃努力的他，已经升华到不厌恶徒劳无功的境界了。

中岛敦
《悟净出世》

因为害怕自己并非美玉，所以我不敢刻苦雕琢自身，又因为半信自己应是美玉，所以做不到平凡碌碌，与瓦砾为伍。我渐渐远离社会，远离人群，最后满腔的愤懑与羞恨越发助长了我怯懦的自尊心。任何人都是驯兽师，而野兽就是各个人的性情。至于我，这妄自尊大的羞耻心就是野兽，就是猛虎。

中岛敦
《山月记》

我的心就像合欢树的叶子，稍一触碰就会收缩躲避。我的心就像处女。我自幼便遵循长辈教导，求学之路也好，行走仕途也罢，都不是因为我有勇气而顺利做到的。看上去坚忍勤学，其实不过是自欺欺人，我只是一门心思地走别人要我走的路罢了。不为他处乱心，不是我有能弃外物于不顾的勇气，只是我惧怕外物扰乱，自行束缚手脚而已。

森鸥外
《舞姬》

意志薄弱的人

从来不会自己去结束，

他们总是等待结局到来。

屠格涅夫
《春水》

Antidote to life

人本来就无法随心所欲地生活。我爱的人不爱我，想要的东西得不到，失去手中的珍宝，希望多为幻梦，人的现实一般就是如此卑微。但是，无论如何，人的生活都存在于为实现希望而努力。虽然梦想常常破灭，但放弃和恸哭都是因为行将破灭的梦想存在的，并不是独立存在的意识。人首先必须要生活，因此，当人思考生活本身时，思想才寄托于肉体中。思考生活本身，往往会带来新的发现和自我发展。即便这诚实的苦恼和发展在一般人看来是邪恶和堕落，也无须在意。

坂口安吾
《颓废文学论》

由于我的无知,我对生存方式只有一个非常普通的信条:不许后悔。

坂口安吾
《都会中的孤岛》

我被赋予了一切,有了它们,我可以过一种崇高的生活。然而我却死于懒惰、堕落和幻想。

丹尼尔·哈尔姆斯
《手记》

你为什么要作践自己?要知道绝望只能毁掉你自己。你既缺乏耐心,又没有勇气。现在你感到极度沮丧,你正是在这种情绪的控制下才说自己没有才华。这不是真的!你是有才华的,请相信我的话。

陀思妥耶夫斯基
《涅朵奇卡·涅茨瓦诺娃》

Antidote to life

按照自己的想法胡说，
总比按照别人的想法
说出千篇一律的真理要好。
在第一种情况下，
你是一个人，
而在第二种情况下，
你只是一只鹦鹉！

陀思妥耶夫斯基
《罪与罚》

现在我意识到，我是有用的，我是必不可少的，而且不应该让别人的废话搅乱自己的头脑。

陀思妥耶夫斯基
《穷人》

很遗憾，我不能对您说出更加动听的话来，因为与幻想的爱相比，积极的爱是严酷无情和令人生畏的事情。幻想的爱总是急于求成，渴望尽快被满足，希望所有人都能重视它。在这种情况下，渴望幻想的爱的人甚至会献出生命，只求寻觅的过程不要持续得太久，而是尽快结束，他们就像在舞台上演戏，希望所有人都看过来并且称赞他们。积极的爱则是工作，是忍受，对于有的人来说，它还是一整门学问。

陀思妥耶夫斯基
《卡拉马佐夫兄弟》

你给人面包,他就崇拜你,因为没有比面包更加无可争议的东西了,但是,在这个时候,假如某个人毫不顾及你的存在,控制了他的良心,那么他甚至会抛弃你的面包,追随那个迷惑了他的良心的人。你在这一点上是对的。因为人类存在的秘密不在于仅仅是要活着,而在于活着的目的。如果一个人对于为什么而活的问题没有坚定的认识,他就不愿活下去,他宁愿自我毁灭,也不愿苟活在世上,尽管他的周围都是面包。

陀思妥耶夫斯基
《卡拉马佐夫兄弟》

这种承认自己卑鄙的感受,既让人痛苦,又令人喜悦,并给人安慰。

列夫·托尔斯泰
《复活》

最高的智慧只有一种科学——包罗万象的科学，它解释整个宇宙以及人在宇宙中的地位。要想把这门科学容纳进自身之中，人就要净化和革新自己的内心。因此，在知道这门科学之前，需要信仰和自我完善。为了实现这些目的，我们的心灵应该浸透着上帝的光，这一光芒即良心。

列夫·托尔斯泰
《战争与和平》

人是多么奇怪、多么古怪的造物啊！他在自身找到了放弃生命的力量，却突然很难拒绝糖饼和冰糖。你试试看，你能不能抛弃那只抚摸你的头、拍着你的肩膀的有力的手！

格罗斯曼
《生活与命运》

他之所以发生种种可怕的转变，仅仅是因为他不再相信自己而开始相信别人。他之所以不再相信自己而开始相信别人，是因为如果相信自己，生活就会异常艰难；如果相信自己，那么无论解决什么问题，它都不利于那个追求轻浮和快乐的兽性的我；如果相信别人，那么就没有什么问题需要解决，一切都已经被解决了，而且问题的解决总是抵触灵性的我而有利于兽性的我。此外，如果相信自己，他就总是受到人们的谴责；如果相信别人，他反而受到周围人的赞许。

列夫·托尔斯泰
《复活》

人的一切都在迅速变化着。转眼间内心就长出了可怕的蛆，专横地吸吮着生命的全部精华。在那些天生就要建立卓越功勋的人的身上，也常常不仅会迸发出炽热的激情，而且会生发出卑劣的欲望。卑劣的欲望让他忘记了伟大和神圣的职责，使他把毫无意义的小事看作伟大和神圣的功绩。人的激情就像沙砾一样数不胜数，而且所有的激情彼此相异。无论是卑劣的还是美好的，任何激情最初都听命于人，但是随后却可怖地支配人。为自己选择了最美好的激情的人是有福的，他的幸福是无限的，并且每时每刻、每分每秒都在增加，而且他自己也不断靠近心中永恒的天堂。但是，也存在不由人选择的激情。它们在人出生的时刻便已经出现，而且上天没有赋予人们摆脱这种激情的力量。它们受上天支配，永远在召唤，片刻也不沉寂。人世间的伟大事业交由它们来完成：无论是以阴暗的形象出现，还是作为给世界带来欢乐的明亮景象一闪而过，这些都没有分别——上天注定的激情都是为了世人所看不见的幸福而被召唤出来。

果戈理
《死魂灵》

Antidote to life

　　我固然永远丢不掉我的缺点、弱点，那是和我的天性必然联系在一起的，如同每人的缺点、弱点都是和每人的天性必然相连的一样，但我将不用卑鄙地逢迎迁就来增加这些缺点、弱点。

亚瑟·叔本华
《作为意志和表象的世界》

　　但保持明智总会来得及。我奉劝那些还在斟酌的人，如果他们的生活里也出现了我这种非同寻常的事件，或者没有这么非同寻常也行，都千万不要忽视上天的隐秘暗示，要听从它们所出自的无形智慧。

丹尼尔·笛福
《鲁滨逊漂流记》

未经反省的人生是不值得过的。

苏格拉底
《思维的本质》

人只应服从自己内心的声音，不屈从于任何外力的驱使，并等待觉醒那一刻的到来，这才是善的和必要的行为，其他的一切均毫无意义。

赫尔曼·黑塞
《悉达多》

与怪物战斗的人，应当小心自己不要成为怪物。当你远远凝视深渊时，深渊也在凝视你。

弗里德里希·威廉·尼采
《善恶的彼岸》

Antidote to life

道歉一旦拖延,
就会变得越来越难,
最后就做不到了。

玛格丽特·米切尔
《飘》

我拒绝居于底端，并非因为它低，而是因为它是极端，所以我也拒绝被放置在顶端。脱离中道就不再是人。人的灵魂的伟大就在于懂得自己永远不会太高，也不会太低。伟大并不在于脱离这里，留在这里才是伟大的。

布莱士·帕斯卡
《人是一根会思考的芦苇》

你要克服的是你的虚荣心，是你的炫耀欲，你要对付的是你的时刻想要冲出来想要出风头的小聪明。

毛姆
《月亮与六便士》

我的自我感觉不差，体重没有减轻，对未来我充满希望。天气好极了。钱几乎没有。

契诃夫
《契诃夫书信集》

虚荣与骄傲是不同的，虽然这两个词常被当成同义词来用。一个人可以骄傲，但不虚荣。骄傲主要关系到我们对自己的看法，而虚荣却是我们希望别人如何看待我们。

简·奥斯汀
《傲慢与偏见》

当你想批评别人时，要记住，这世上不是所有人都有你这样的条件。

F.S. 菲茨杰拉德
《了不起的盖茨比》

但那些日子依然在我身上留下了比恐惧和痛苦的毒害更加严重的刑罚。首先，总是要做自己不愿做的工作，而且做得像一个奴隶，谄媚、讨好，也许不是总要如此，但似乎又有必要，赌注太大了，不能冒险。然后就是想到那唯一的才能，即隐藏的死亡——这才能虽小，对拥有者来说却弥足珍贵——毁灭了，随之毁灭的还有我的自我，我的灵魂——所有这些变成了一种锈菌，吃掉春天的花朵，从内部毁掉树木。

弗吉尼亚·伍尔夫
《一间自己的房间》

你是不是因为太懦弱了，才这样以炫耀自己的痛苦来作为自己的骄傲？

亚历山大·仲马
《基督山伯爵》

你们马上就明白，我们有多么轻信又多么爱怀疑，多么软弱又多么固执，多么严于他人而宽于自己。

威廉·梅克比斯·萨克雷
《名利场》

有些事情每天周而复始，只因没有更好的事情可做；这其中毫无进展；甚至连维持都谈不上……然而，人又不能什么也不干……这是时间的困兽在空间的运动，或是海滩上的潮汐。

安德烈·纪德
《田园交响曲》

我当时只要能听到一句温和的话语，我也许会塑造成另外一种人，我这一辈子也许会活得好一些。

查尔斯·狄更斯
《大卫·科波菲尔》

人总有和自我分离的时候。
一条幽暗黏稠的小巷中，
毕毕剥剥响着微弱的炭火。

阿尔贝·加缪
《加缪手记：第一卷》

生而自由

SHENG ER
ZIYOU

没什么好着急焦躁的,所以不管工作也好,爱情也好,都希望你不要徒劳,不留下任何遗憾。

冈本加乃子
《老妓抄》

所谓自由的行为,就是非如此不可的精神已经在内心成熟、自然地向外表现出来的行为。

中岛敦
《悟净叹异》

在生存方式上,他们二人都将被给予之物想为必然、将必然感受为完整。又进而将这必然看作自由。

中岛敦
《悟净叹异》

虽然外表贫穷，但我的内心世界比任何人都富有。怀有无法消除的自卑感的少年，暗暗觉得自己是被选中的人，这种想法是理所当然的吧。总觉得在这个世界的某个地方，还有自己也不知道的使命在等着我。

三岛由纪夫
《金阁寺》

我把自我当作房屋时，我的肉体就仿佛成为围绕着这座房屋的果园。我既可以精心地耕耘这片果园，也可以置之不顾，让野草任意丛生。这是我的自由。不过，这种自由是一种不那么容易理解的自由，原因在于许多人都把自家的庭院称为"宿命"。

三岛由纪夫
《太阳与铁》

能一辈子生活在跟自己一样弱小、温柔、善良的人群里，可真让人羡慕。既不必辛苦地度过一生，也没有特意寻求辛苦的必要。那样的人生，真好。

太宰治
《女生徒》

没有比奴性更可怕的东西了——如果一个人因施加于他的暴力而怒不可遏，却又屈服于比他更强大的东西，这就是世界上最可怕的奴性。

阿尔志跋绥夫
《萨宁》

你从我的记忆中离开吧，这样我才能自由。

布尔加科夫
《大师和玛格丽特》

人有意识地为自己而活,却无意识地充当着实现历史与全人类目的的工具。一个人已经做出的行为无法撤回,而且,如果他的行为与千百万其他人的行为同时发生,那么这一行为就具有了历史意义。一个人在社会阶梯上所处的位置越高,与他有联系的人越多,他拥有的支配他人的权力就越大,他的每一行为的注定性和必然性就越明显。

列夫·托尔斯泰
《战争与和平》

所爱之事占据了你的全部灵魂。

高尔基
《在底层》

没有完全的独立，就没有完整的幸福。

车尔尼雪夫斯基
《怎么办？》

Antidote to life

我生活在所有的时间里。我不受空间的限制，我可以在各处栖身，或者我在任何地方都不存在，随您怎么说。因此，无论您是把我留在这里，还是放任我离开；无论我是自由的，还是被束缚，这对我来说都无所谓。

迦尔洵
《红花》

我不想成为造就他人幸福的无声材料：我自己想变得幸福、强大和自由，而且我也有这样的权利。

安德列耶夫
《谢尔盖·彼得罗维奇的故事》

——你难道爱上我了吗?

——没有。我只是觉得你身上有和我相同的东西。我也是真实的人,而且,我还单身。

泪水再一次涌出西利瓦娜的眼睛。

——哎,你怎么了?

俄罗斯人轻轻地碰了一下她的手。

——我感到忧愁,没法儿平静下来。巨大而又真实的爱情似乎一直等待着我,然而我一直没有遇见它。我过去拍电影,是为了出名,扩大自己的交际圈,好找到那个他。但是,无论美貌还是名气,什么都没有帮到我。我知道我很有天赋,我能感受到,但是女人最重要的天赋是找到那个他,和他无悔地共度一生。但是我的时机正在溜走。

——你和所有人都一样。

俄罗斯人冷淡地回应。

——但是,我对自己来说是独一

无二的。

——每个人对自己来说都是特别的。

——你有什么建议吗?

——顺从生活。

——我做不到。我现在比过去更强烈地感受到生活的远景。我感到一切都在前方,一切都会出现。

——这是老年人的感受。年轻人会觉得一切都过去了,而上了年纪的人才会觉得一切都还在未来。

——你对人太残忍了。

——我对自己也残忍。要有对自己说出真相的勇气。

——有天赋的人是不会变老的。天赋是童年的特征。

——你可以按照你想要的样子劝说自己。但是如果你询问我的建议,那就是:要顺从自己的年龄。

西利瓦娜皱紧眉头。

——这是什么意思?

——像树一样,像河一样。

——但是树会凋落,河会结冰。

——那就凋落,那就结冰。不要害怕。重要的是保持自尊。失去了自尊,人就是可笑的。不要自卑自贱,不要做拉皮手术。变老应该是有尊严的。

西利瓦娜瞪大眼睛看着俄罗斯人。他的表情有一点儿傻气,这种傻气莫名地让她安静下来,似乎在说:怎么了?人是大自然的一部分,应该遵从大自然的规律,像石头之外的所有人、所有东西一样。

——但是,凋落和结冰毕竟发生在冬天,而我还在人生的秋天。

——为冬天做准备,一步步地。

——你也是吗?

——我也如此。

托卡列娃
《不可制造偶像》

我这辈子就喜欢跟着吸引我的人,因为对我胃口的都是疯狂的人,他们疯狂地生活,疯狂地谈话,疯狂地寻求救赎,渴望同时拥有一切,他们从不厌倦,从不讲陈词滥调,而是像神奇的黄色焰火筒那样,燃烧、燃烧、燃烧,在星空中炸裂开来,就像蜘蛛一样,中心点蓝光"砰"的一声爆开,人们都发出"哇"的一声惊叹。

杰克·凯鲁亚克
《在路上》

即使被关在果壳之中,我仍称自己是无限宇宙之王。

莎士比亚
《哈姆雷特》

我喜欢自由，不喜欢拘束；我不爱谁，也不恨谁；我不骗这个，追求那个；我也不调笑这个，玩弄那个。跟村子里的牧羊姑娘说几句话，照看羊群就是我的消遣。我的欲望就在这群山中间，如果它们走远了，那只是因为它们沉迷于天堂的美景，以及引导着灵魂回到最初居所的步伐。

塞万提斯
《堂·吉诃德》

自由，是上天赐予人类的最珍贵的财富之一，没有任何一种深埋于地下、隐藏于海底的宝物能与之相比。自由和名誉一样，都值得为之付出生命。对大多数人来说，囚禁是最大的不幸。

塞万提斯
《堂·吉诃德》

你要力图使哀怨对你毫无作用。自己能获取的,就不要哀求他人。

安德烈·纪德
《人间食粮》

这颗心不再激动别个,
也不该为别个激动起来;
但是,尽管没有人爱我,
我还是要爱!

乔治·戈登·拜伦
《这一天我满三十六岁》

比起原则,我更喜欢人,而比起世界上的其他东西,我更喜欢没有原则的人。

奥斯卡·王尔德
《道连·格雷的画像》

有了自由、书籍、鲜花,还有月亮,谁能不彻底快乐呢?

奥斯卡·王尔德
《自深深处》

Antidote to life

　　我心里涌出数不清的怪念头。我时而调皮，时而快活，时而倦怠，时而忧郁。我有根，却在流动。

弗吉尼亚·伍尔夫
《海浪》

　　不必匆忙，不必闪耀，不必成为别人，只需要做自己。我们都将进入天堂，与范戴克相伴——换言之，当你点上一支好烟、坐在窗边座椅的软垫里，生活是多么美好，它的回报是多么甜蜜，这些怨恨、委屈是多么微不足道，友谊和人类社会是多么令人敬佩。

弗吉尼亚·伍尔夫
《一间自己的房间》

我相信,在其他所有身份之前,我首先是一个理性的人,就跟你一样——或者,不管怎么说,我必须尝试并成为一个那样的人。

易卜生
《玩偶之家》

人必须拥有自我,牺牲自我才有意义。否则,牺牲自我只是为了逃避个人的不幸。你没有的东西要怎么给人?放下武器之前,先做自己的主宰。

阿尔贝·加缪
《加缪手记:第二卷》

实际上,当你把生命投入自己的事业时,你就不再跟别人一样了,或者说得更确切一些,别人就无法与你匹敌了。不管是谁,只要下了这个决心,他的力量和优势都会成倍增加。

亚历山大·仲马
《基督山伯爵》

因为男人和女人不仅是他们自己,也是他们出生的地区、他们蹒跚学步的城市公寓或农场,是他们孩童时玩过的游戏、他们不经意听到的无稽之谈,是他们吃的食物、上的学校、参与的运动、读过的诗,也是他们信奉的神。是所有这些把他们塑造成现在的样子,而这些事情你没法儿通过道听途说来了解,你只能通过生活来了解。

毛姆
《刀锋》

自由固不是钱所能买到的，
但能够为钱而卖掉。

鲁迅
《娜拉走后怎样》

Antidote to life

人生而自由,
却往往困在枷锁之中。
自以为是其他一切的主人,
反而比其他的一切更是奴隶。

让-雅克·卢梭
《社会契约论》

伙计，要善于从你自身发现，就像从矿石中，能提炼出毫无杂质的纯金属。你期待的这种人，向你自身索取吧。从你自身得到吧。要敢于成为你现在这样的人。不要轻易放过自己。每人身上都蕴藏着极大的可能性。要坚信你的力量和你的青春。要不断地对自己重复说："这事儿完全取决于我。"

安德烈·纪德
《人间食粮》

当你说你不自由的时候，不是指你失去了什么的自由，而是你想做的事得不到别人足够的认同，那给了你精神上或道德上的压力，于是你觉得被压迫、被妨碍、被剥夺。翅膀长在你的肩上，太在乎别人对于飞行姿势的批评，所以你飞不起来。

卡森·麦卡勒斯
《伤心咖啡馆之歌》

Antidote to life

我热爱自由,我憎恶窘迫、苦恼和依附别人。只要我口袋里有钱,我就可以保持独立,不必费尽心思去弄钱。穷困逼我到处弄钱,是我生平最感头痛的一件事。我害怕囊空如洗,所以吝惜金钱。我们手里的金钱是保持自由的一种工具,而我们追求的金钱,则是使自己当奴隶的一种工具。正因为这样,我才牢牢掌握已经拥有的金钱,却不贪求没有到手的金钱。

让-雅克·卢梭
《忏悔录》

富裕和贫困取决于每个拥有者的看法，财富与光荣和健康相比，并不会给拥有者带来更多的美好和快乐。根据自己的感觉，每个人都可以是舒适或者不安的；不是世界相信他如何，而是他相信自己如何。而唯有如此，信念才赋予它自己存在和真实。

米歇尔·蒙田
《蒙田随笔集》

母亲一向是这样，很爱护女儿，可是当女儿败坏了菜棵，母亲便去爱护菜棵了。农家无论是菜棵，或是一株茅草也要超过人的价值。

萧红
《生死场》

Antidote to life

我已很久不再成为我自己。

费尔南多·佩索阿
《我已久未动笔》